东南·中国

建筑新人赛

主　编

唐　芃

编委会

荣　明　爱　葛　青　冬　韩
　　芃　葛　葛　界　世　孙
嵩　　　唐　莉　莉　鲍
张　敏　张　戎　戎　张
　　　　张　铭　铭　殷

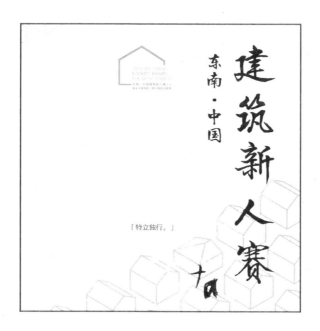

东南·中国

建筑新人赛

「特立独行。」

CHINA

2016

东南·中国建筑新人赛

SEU·Chinese Contest of the Rookies' Award

for

Architectural Students

东南大学出版社 · 南京

东南·中国

建筑新人赛+a

「不破不立。」

2016 SEU ·
ROOKIES' A
FOR ARCHI
东南·中国建
暨亚洲建筑新人赛

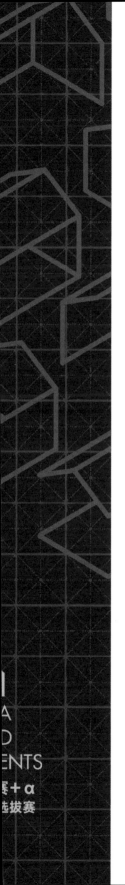

目　录

写在前面
The Very Beginning

之于意匠的真实与想象
——写在 2017 年中国建筑新人赛开赛之际

不知不觉中，中国建筑新人赛自 2012 年至今已经走过了六年的时光；参赛方式从开始的院校选送到同学自由投稿，参赛数量从 200 余份增长到近年的 600 余份，新人赛历经六年已成为国内一项有着广泛影响力的重要赛事。这六年中，有幸作为中国建筑新人赛协调组织者和亚洲建筑新人赛的旁观者，我所经历的几件小事也许可以说明新人赛的特质和她的主旨。

2011 年夏，天津，接到东南大学唐芃师姐的电话，邀约选送天大学生作业赴日参加日本新人赛海外组竞图。以课程设计作业参赛的方式，体现了新人赛"日常"的特质。

2012 年秋，首尔，第一届亚洲建筑新人赛决赛，尽管获得第一名的作品出自日本参赛学生的设计（图 1），但其本国评委却表示了遗憾，他们更为欣赏另一份作业所表现出来的童真与朴拙（图 2）。珍视建筑新人的初心，便是新人赛的价值观念。

2013 年秋，大阪，第二届亚洲建筑新人赛决赛，投以"奈良美智美术馆"方案唯一一票的张颀老师在说明他的投票理由时，给予了这样的点评——"设计以一种好奇的视角表达了基于儿童尺度考虑的对空间叙事的探索。"

▲ 图1

▲ 图2

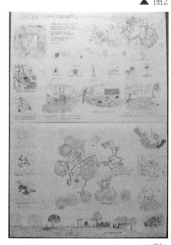

▲ 图3

（图3）保护"新人"的好奇心，给予他们探索未知的鼓励，成为了新人赛的态度。

在我看来，建筑设计是一个内应外合的过程：所谓内，是指将个人之于生活、艺术、历史等理论学科知识转化为建筑设计与分析的技能，将概念向空间转化的设计过程；所谓外，指对环境真实的分析、对建造真实的理解和对建筑学本体真实的认识。本科1～3年级是建筑学专业学生掌握建筑设计基本技能、逐步养成设计思维和理解建筑学学科的阶段；在这一过程中，其在建筑学科理解、建筑设计技能方面的不成熟，一点儿都不会阻碍其"不自量力"地以建筑作为一种媒介对这个世界进行探索的初心。展示新人的初心其实便是新人赛的意义，这在中国新人赛历年获奖方案中即可窥得一斑，如2012年周正同学（图4）、2013年刘博同学（图5）、2014年袁希程同学（图6）和2015年林雨岚同学的方案（图7）。

这六年中，给我留下更深刻印象的是各校兢精于教学的师长们所编订设置的设计课程题目和其导引的教学方向。如东南大学朱渊、朱雷两位老师设置的东南大学二年级题目"游船码头"；西建大刘克成老师主持的实验教学团队设置的一年级题目"由茶到室"、二年级题目"西院门小客栈"和三年级题目"10张照片的博物馆"；同济王方戟老师指导的三年级设计"小菜场上的家"和胡滨老师指导的一年级设计"自然中的憩居"；南京大学周凌老师指导的三年级设计"赛珍珠纪念馆"；中国美院王欣老师指导的二年级设计"园宅"。上述

▲ 图4

▲ 图5

▲ 图6

几位师长设置的设计题目及其所体现的教学目标，尽管侧重不同、教学路径千差万别，但其实体现了当代建筑教育的多元方向，涵盖了启发的教学、经验的传授、技能的培养和思辨的养成等多层面涵义。

今天的建筑教育早已不再局限于传授"手法"的"巧言令色"，在注重培养学生掌握空间组织和空间形式设计的技巧及形式语言之外，更注重培养学生的抽象空间操作能力和设计思维逻辑的发展和演进的训练，并引导学生对于初心之"仁"的表达。如果说"手法"的传授使学生掌握建筑师作为"匠"之层面的建筑设计的基本操作能力，而由人本之"仁"所引发的"意"便成为了定义建筑师身份的关键。日语中的"意匠"一词，其实是建筑设计及其理论的意思。在今天，活跃在建筑设计领域的日本青年建筑师，无论藤本壮介、石上纯也还是中村拓志，均始于学生时期的崭露头角，并在其设计实践中坚持了自己在学生时期建立起来的"意"。

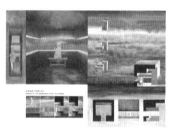

▲图7

历年新人赛获奖同学的方案，在"意"与"匠"两个层面均有较好的表达，表现出的都是以建筑的角度完成的对当下的解读。以这一思考审视建筑教育，不难发现——建筑教育一方面需要完成其作为基本的对于建筑师的职业教育；另一方面，更有机会完成以建筑为视角和媒介的人本教育。

某种程度上，建筑设计是一种之于真实的他者的想象，他者自然指代的是设计者，而真实则包含了设计需立足真实的场地、满足真实

▲图8

的行为或活动的需要、解决真实的建造问题。当然，如果对建筑真实性进行拓展的话，又可以统论为社会的真实性、生活的真实性、环境的真实性、技术的真实性和历史的真实性。而想象，则是属于设计者的一种特权：想象以何种态度进行设计的回应、想象以何种姿态对应环境、想象以何种机制组织城市或建筑的功能、想象以何种空间去创造生活、想象以何种结构材料去进行建造。当想象与真实割裂，想象便成为了自我满足的主观臆语，既丧失了其现实性的根基，也失去了打动人心的力量。只是希望，今天的同学能够在今后的学习和职业路途上珍视和发展此时的一点点"仁"之"意"，否则此时的"仁"在彼时也会变成另一种涵义的"巧言令色"了。

最后，感谢唐芃师姐和东南大学的志愿者同学们这些年为组织新人赛于酷暑中所付出的努力。

张昕楠
天津大学建筑学院副教授
日本京都大学建筑学博士
中国建筑学会会员
日本建筑学会会员
日本知识信息学会会员

评委寄语
Words of Juries

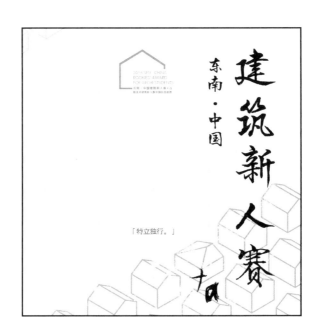

东南·中国

建筑新人赛

「特立独行。」

韩冬青

Q：在评图中，有哪些作品让您印象深刻呢？

A：对于本次来自各大院校一到三年级学生的作品，总体给我的印象是普遍水准都比较高，体现了各校建筑设计教学的共同进步。有些作品给我留下了深刻印象。

有个一年级学生用生土材料做的设计（西安建筑科技大学　赵闯琦"黄土境山水画廊"）。从一年级他就直接接触材料，用夯土的建造逻辑做建筑设计，让材料的特性和整个设计充分结合，这让我比较欣赏。

另一个是十张摄影作品展示空间的设计（西安建筑科技大学　张鹏"十张照片的摄影博物馆——仰望"）。这正好弥补了现在国内设计学习中一个很大的不足之处——学设计的同学，对于建筑和使用它的特定的人之间的关系考虑不够具体。这个作品选取的摄影作品本身有很明确的主题——反映西藏生活。摄影作品本身的特点，呼应了他怎么组织对这些作品的欣赏，以及人在作品之间的流动——不光是平面上的流线，还有立体空间上的设计。他所设计的欣赏者的运动方式和这个作品呈现出来的空间状态之间有一种整体的互动关系，这个设计专门为作品的展示做出一个特定的空间。这样学生就一定要去研究这个作品的内涵，研究人怎样去看这个作品，以此能够真正把作品的内涵，通过他的空间设计呈现出来。这个设计就做得非常具体。在琢磨这一对具体的关系当中，我相信这个同学一定感受到了空间和人的关系，空间和里面最主要的物品设置之间的关系。那么空间就不再是简单抽象的从构成上讲的线、面、体，围合或开敞。如果想将这些空间自己的独立的语言调动好，就要把人放进去，这是人获得的一种感知。我觉得这方面他做得比较出彩。

此外还有一个作品给我留下印象，虽然我觉得她在技法上也许不是很娴熟。这是厦大的一个同学为候鸟的迁徙做的基地设施（厦门大学 周荣敏 "飞鸟集"）。作品打动我的不是技巧，而是整个作品的画面呈现。你能够看出这个同学对这样一种场景有一种情绪在里面——她非常希望将来这个作品能够感动人的除了房子，还有跟周边风景的关系，跟飞鸟的关系。设计师自己是被感动的，所以她能够很明确地呈现这种意象。我觉得你自己一定要被你自己的设计激动，然后你才能够把这种激动传达、表现出来，才能感动别人。其实我觉得如果想设计做得好、为社会服务好，这是设计师终生都必须有的情感，是设计师能够坚持去做这个工作、保持好的工作状态所必需的内动力。从教学设计来讲可能不会涉及太多这方面的内容，所以这应该是设计师自己挖掘出来的。

总的说来，刚才几个作品都不算是在设计技能上非常出类拔萃的。但是我觉得他们有自己内在的设计动力推着他们向前走。我觉得这种作品会比较容易打动人。

Q：您认为这一届的作品与前几届相比有哪些特点与进步？

A：前面几届我参与不多，但事后也看了出版的作品集。我的初步感觉是作品之间的落差不是特别大，整个设计如果作为一种专业技能来讲也有进步。但让我觉得稍稍遗憾的就是可能大家更多的还是在关注专业技能的训练，这本身没有错，但除了专业技能的训练之外，同学们对自己内心的挖掘不够。但我觉得像刚才我举的那三个能刺激到我的作品，往往都具备这样的特点。设计师还是要反映自己的天性，反映自己内在的特别的对生活的一种感受。我希望同学们要注重对空间中人的具体状态和使用特性的捕捉。

Q：您认为评委在投票时普遍更关注什么？

A：从给票的情况来看，我觉得大家可能更多关注具有独立思考的有个性的作品。尽管每个评委喜欢的作品不会完全一样，但是好像都具备某方面的特色，虽然这个特点未必是另一个评委欣赏的。设计师的作品是对特定环境、特定需求、特定条件的一种特定回答，所以，一定要培养自己对事物的敏锐观察和体悟。

Q：您认为我们东南大学的作品，包括模型和图纸，跟其他学校相比有哪些优点和不足呢？

A：东南的作品我看到了几个，但并没有专门留意。优点是对于空间设计、跟环境的关系的处理、设计表达的专业性、表达的成效等专业训练进行得比较扎实。

但是我觉得也有不足。这个不足恰恰是我没有太多看到同学自己内心的东西。这未必是同学的问题，但有可能同学也没有特别意识到这个方面，当然也许我们的教学引导应该承担更大的责任。

我觉得学生应该表达自己的内心、个性、对这个课题的独特理解，以及一定要关注非常非常具体的人——你的服务对象、使用者对这些功能的理解。我认为学生们对这些使用人群的理解还不够具体，相对来说还比较抽象与模式化，没有展现出对特定人群的一种特别的、非常具体的、细致的体察。这些所谓的日常生活其实是作品可挖掘的很重要的力量。从教师的角度来说这可能是不容易教给学生的。教师可以提醒，但同学自己也要下这方面的工夫。

我们可能还是关注建筑本身比较多。跟建筑相关联的部分——对于环境，不管是城市环境、自然环境，我们处理得还不错；但是事实上人也是环境中非常重要的元素。

Q：新人赛不仅有学生间学习成果的交流，更有学校间教学成果的交流。您觉得今后学校制定任务书的教学方面以及学生学习方面各自都要注意些什么？

A：不同的学校会不一样。从设计教学角度来说要做很多平衡。设计教学非常困难，如果教案做得过于强大，会太过于把学生规定在教案规定的路径上。如果教案做得比较松，容易导致设计探索过程中的盲目性。什么情况下叫做盲目？什么情况下叫做自由的探索呢？这种细微的概念区别很考验设计教学。既然是教学，就不可能没有具体的要求。可是我们又是培养设计师的，设计师的自由思考、个性发挥都是非常本质的，这也是设计的本质。我认为现在的教学，对于东南来讲，可能规定过多了一点，可以更多地释放出一些余地给学生去探索。

另外一对关系——设计是一种对知识的运用，又是一种对未来的探索。想做一个好设计，没有知识做基础是很难的。然而在低年级阶段，知识都还不完整，通常是一边学一边用。如何处理自由的探索和对知识的把握这一对关系？我的想法是永远都不可能回答先应该有什么，它们是互相促进的：完全没有知识，你很难去做设计；可是永远不可能等到充分具备知识才去做设计的那天。我们以前的传统观念和传统教学模式是先给予知识，然后再去谈论知识的运用。我倒是更加主张不管是教的人还是学的人，脑子里先要有问题的意识——我的设计遭遇到了什么问题？这个问题的背后涉及哪些知识的支撑？然后我再去把这些知识挖出来。这些知识未必都是你本学期或是上学期曾学过的，很可能还在高年级，甚至都不会出现在我们的教学体系里。所以学设计的要主动去挖掘这些东西。但是主动挖掘的源头在哪里？就是要关心设计本身面对的问题。比如要关心具体的人，要具备一定的观察具体的人的方法。然后根据观察结果为他建构出一种空间系统。空间建构的系统要靠物质基础去支撑，所以此时我们又可以想到可能还缺哪些物质知识：材料、背后的结构技术等。要从问题出发去向后推。

在这个问题上，我觉得同学可能比较容易出现的问题是，没有把设计中的问题和要解决这个问题所必须运用的知识链接起来，而只是停留在对空间的抽象表达上，导致空间设计停留在抽象阶段，不能还原成建造的状态。这是什么结构什么材料？这个材料是怎么做出来的？怎么放到你空间的表情上面去？很多问题可能都经不起深问。

但因为是一到三年级，学生的思考不会那么完整。不完整是可以谅解的，但没有这个意识是不可谅解的。想过而没有能够完全解决，我认为是正常的；但如果在思维上缺少这个维度的思考，我认为那就是一个比较明显的缺失。我觉得可能在这些方面学生还是需要不断改进。

新人赛评委

张永和

Q：新人赛的最大特点在于学生自行组织、学生作品自由投稿、现场答辩揭晓结果。它好比一场全国性的设计作业评图，对此您如何评价？

A：参赛作品是课程作业，所以和老师如何出题目也有关。有的老师出的题目很好，对学生辅导也很好，有的可能不是。所以这个竞赛我认为不能仅仅作为是在评选学生做的作业，其中包含着老师的参与，虽然是隐性的，但是还是可以看出来的，有一定复杂性。

Q：这些新人赛的作品和您以往接触到的成熟设计大师做的方案相比，有什么不一样？

A：现在的问题是不够不一样，起码表面上，时髦的东西太多了。有些建筑师，比如不久前过世的扎哈·哈迪德，非常原创，而如果学生们模仿她，就是在赶她的时髦。现在各式各样的流行特别多，这个是要警惕的。

Q：那您觉得我们要注重什么方面呢？

A：关注建筑最本质的问题，比如结构问题，在竞赛中并没有看到很多包括对材料等问题的探索。很多作业关注社会问题，这挺好，但是我觉得既然建筑是一个实际的问题，更需要严肃地对待，而不仅仅是"一个说法"。

Q：我看过一个关于您设计的垂直玻璃宅的视频，您说这更接近于文化项目，若住个十天的体验是格外有意思的。是否可以说您对生活方式的探究更为感兴趣？那么这种探究对您的建筑设计是否也有一种指向性？竞赛作品中是否有体现这种研究内容的？

A：天津大学大三作业共享住宅也是对生活方式的探究。可现在它的问题是，有的作业做了"分享"，但是却没有开始做"建筑"。建筑起始于社会的需要，而设计应该超越这个基本的需要。如何使得"分享"不只是有一个地方，而使分享变得更方便、更舒适、更有想象力。比如说，咱们一人一间卧室，给一个地方我们可以一起做做饭、聊聊天，但是光有这个地方是不够的。这个地方会有各式各样的情况，如何使这个地方让人愿意过来用，空间的质量才是设计需要达到的。所以我在观展的时候，发现有的作业其实并未开始设计建筑。

Q：您有看到优秀的"共享"作业吗？

A：比如说43号作品，这就跟一般公寓的共享空间完全不同。它有一个更公共性的空间质量，当然有高空或没高空都可以。可是高空中大家能看见一个大的社会家庭一起生活，这样的气氛多好。包括这个外阳台，我觉得都是成立的，它增加了分享的机会，使分享的经验变得更丰富。再比如49号，有趣之处也是它的工作方式所导致的。尽管是东京的项目，但是琢磨、借鉴了很多香港的东西，是香港与东京生活的一些经验的重叠。

Q：刚才选出TOP16时，您的投票标准是什么？

A：我的投票标准有两个。一个是作业本身的质量，二是如果这个作业拿到国际比赛上去评比是否有希望。这就意味着不能太像外国人做的东西，不能有明显的模仿痕迹。直白一些，有些作业做得很像日本建筑师，拿到亚洲的语境里去，一个也有日本的学生、评委参与的活动，是有问题的。模仿也是问题，我们没有必要给藤本壮介发一个三年级的奖项。我们是有很好地体现我们中国特色的参赛作业的。

Q：您希望选手在答辩时给您讲些什么内容？您最感兴趣的是什么？

A：首先，我觉得现在评委和选手有交流很好。但是现在选手得理解一点，这些观众们都是会看图的，所以选手要讲的一定应该是图里所没有的。刚才至少有十个同学都讲给我听，但是他们说的大概80％都无需讲，都在图里能看得到。

而且还有一个有意思的事儿我不知道为什么，也许是因为难讨论，图里某些很明显的特征，我想一定是作者很感兴趣的点，但他介绍的时候却不提。举例来说某作业的选手讲了很多，但竟然没有讲他对几何的兴趣。用某种几何形组织平面在这个作品里显然是很有意思的一个决定。

还有，有些选手可能模仿某位知名建筑师，却不谈及这个问题。我倒觉得如果三年级的学生，很有意识地去模仿、学习一个建筑师，也许模仿得好是有益处的，但是要认清这是作为这个阶段的一种学习方法，最后还是要回归更根本的问题，认识到属于自己的兴趣，要对自己有足够的了解。

现在是活动的组织形式有讲的环节，其实设计者并不需要讲太多，从以前学生不讲到现在学生极乐意讲解，实际上是需要注意的。以后建筑就在那里，设计者难道会总站在一旁讲解吗？最终我们的想法都在设计里，除非图纸太不充分，其实大多数是不需要讲的。

Q：请您给新人赛一些寄语吧。

A：多学结构、多学工程。因为现在中国整个的建筑教育中工程结构方面较弱。

答辩点评：

相比于日本建筑师常追求的"轻盈感"，"重量感"实际上也是一个积极的东西，反映出中国北方环境的特色。28号的院落空间质量很明确，在一定程度上体现出中国现今的社会构成。如果用日本的那一套在此是完全不成立的。现在大家肯定是需要学习前辈、学习知名建筑师做的东西，但是一定要更关注建筑最本质的东西是什么。答辩中有的同学没说到一句关于建筑的问题，讲了很多社会、历史方面的信息，可是我们不是社会学家或历史学家，我们的立足点一定是空间、材料、结构等。

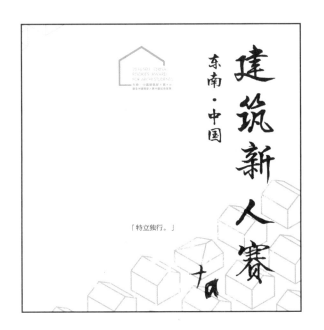

东南·中国

建筑新人赛

「特立独行。」

新人赛评委

黄居正

Q: 您在去年就担任了中国建筑新人赛的评委，比赛期间令你印象深刻的是什么？无论是喜欢的方案或者有趣的事等都可以和我们分享。

A: 印象深刻的有两件事，一个是，因为以前也担任过不少竞赛的评委，无论是学生竞赛也好，还是外面的各种各样的竞赛，像新人赛这种评选方法还是第一次参加。学生面对面地跟你讲，还有学生答辩的机会和老师点评的时间，我对这种形式印象比较深刻，因为以前没碰到过这样的情况，还挺特别的，这是一个方面。

第二个印象特别深刻就是，去年，在一百幅参赛方案中，我是一眼就喜欢上了西安科技大的那个一年级学生做的麦田里的茶室（《从茶到室——兜兜转转总是家》林雨岚）。当时投完票以后，我和评委刘家琨还交流了下。后来我们总结出一个词，叫"一眼货"。就是说，这个东西的好，在于有冲击力。在一百幅图中，这幅特别 powerful 的作品给我的印象最深。今年呢，很遗憾，没有这样的作品。就是这两件特别有印象的事情。

Q: 我们知道您曾在日本求学，能不能跟我们讲讲您当时所体会到的日本教育模式的特点？

A: 我去的时候实际上是直接进入他们的研究生课程，本科呢，当然有些接触，大概情况也了解。他们的本科阶段可能跟我们有几方面的不同。

一个是学制，他们是四年，我们是五年。

另外，他们一年级的时候是通识教育，不分科，二年级才真正开始选专业，这是第二个方面。

第三个方面，他们对老师的要求有一点不同，也就带来老师教学的不同。

在公立大学里是不允许老师自己开业的，但是，实际上他们都会拥有一个事务所，只不过不以自己的名字注册。所以，老师们有实践的机会。但是，这种实践又跟我们国内大学里面的老师到外面去做项目不太一样，他们的实践基本上是跟自己所研究的方向紧密结合的。比如有的老师做木结构的房子，他的设计研究就是这个方向，所以他接的项目基本都是这个。这样，因为他在具体的工程中有实务的经验，对结构、构造方面他会了解得比较清楚，给学生指导的时候，会有针对性地考虑实际建造。这是第三个方面的不同。

还有一个很大的不同就是他们是研究室制。研究室制度是一个等级制度，上面是教授、副教授、讲师、博士生，所以本科学生可能会跟博士、硕士在一个老师底下，他们的交流会比较多，这样的话可能对低年级学生的设计会有帮助，因为年长的学生会帮老师带带他们，也就是说交流的时间可能更多。在这方面可能跟国内不同。我不知道你们现在跟高年级学生之间的交流怎么样。但我觉得可能日本的这种研究室制度会带来更多的交流，而且是低年级跟高年级的这种交流。

还有一个，我觉得完全是一种感觉上的。我记得特别清楚的是，当时我们参加学生竞赛，我看到一个和我同级的研究生做了一个特别简单的，用泥巴捏成的一个雕塑似的模型，画了张图，最后拿了一等奖。我当时就注意到，他也是用一种特别简单的方式，但是特别让人耳目一新，所以说我觉得他们在做竞赛的作品时对于想象力的要求可能还是很重视的。当然就是因为前面讲的，他在本科的时候，老师是有工程经验的，所以他们并不会忽视结构、构造，而想象力是另外一种能力。他们兼具这两方面的优势，可能是跟他们学校的制度，教学体制有关。

我觉得大概就是有这么多的不同。

Q：在建筑设计学习过程中，您觉得当代中国学生普遍缺少的是什么？我们能从日本学生那儿学到什么？

A：其实我们昨天也在谈这些问题。很多中国学生的图面，你不能说画得不好，但是，过于空疏，看不到人生活在里面的内容。实际上一个建筑能打动人的还是这个建筑所体现出的人生活的一个样态。在选16强的时候，为什么我最后几票投不出去呢？就是觉得特别空，学生们好像很追求形。可是建筑最后还是容纳人的生活的一个容器。最好这个方案能够让人意识到人在里面生活的样态，这样的方案可能是最能够让我把这一票给他的。所以我觉得如果把中国的学生跟日本相比的话，可能差别就在这一点上，中国学生过于追求形，追求最后的结果，而不是特别体察我们身边人真正的生活状态，然后把这种生活状态在建筑里面反映出来。这可能是一个比较大的差别。

Q: 您是建筑专业出身，当时是怎样一个契机或者说是什么原因促使您决定投身去做建筑传媒这件事？

A: 其实没有什么特别的原因，是因为我们所处的时代。你们现在毕业得自个儿找工作，我们那时候是分配工作，学校把我分配到这个地方去，那我就必须去。当然去工作一段时间以后我又出去留学，回来以后，还是选择了这个行业，因为有了几年工作经验以后多多少少培养了一些对这份工作的感情。工作这么多年，也可以说对做杂志有一些心得和情感在里面。但不是说我是主动选择的，实际上我们是被动选择的。

建筑新人赛

东南·中国

「特立独行。」

十四

华 黎

Q：请问新人赛作品中哪些比较吸引您？

A：我就谈一些共性的东西吧。

这些学生作品里，我觉得一些基于很清晰的观察，然后能够捕捉到一些比较灵魂性的东西，这样做出来的设计比较吸引我。它可能不是一个很宏大的命题，但是它是一个具体而微、观察深入，同时能呈现出一种诗意气质的作品。举例的话，有一个关于鸟居的方案，这里面考虑到了鸟，设计了可以提升的电线。我觉得这些很细微的东西，是一种很有关照的设计考虑。然后比如说在高层住宅里对于缝隙的设计，我觉得对于缝隙可能引发的事件和人的行为，作者有挺细致入微的观察。这样的做法是基于观察，是基于对人的关照，但是又有一定的说服力。我觉得这是一个言之有物的设计，而不是一个很浮夸或者是一个很空洞的概念，它比较有内容。还有一个例子，那个折叠的书墙，我觉得那个想法也不错。因为折叠墙的概念和书架这个概念结合得很有机。这些设计都捕捉到了一些关键性的因素，然后又很贴切地把它表达在了他的设计里面，体现了一种对人的关照，甚至是一种对鸟的关照。我觉得这些设计是比较有意思的。

Q：您觉得新人赛对我们来说有什么意义？

A：我觉得新人赛可能最重要的意义是同学们有一个交流的机会，可以互相看到其他同学的一些创意和一些不同的想法，然后去了解设计是怎么样思考、怎么样来表达的。这本身也是一个很好的学习的机会。另外我觉得同学们最后也会从这个胜出的提案里面感受到设计中什么是最关键的。设计，我认为它并不需要你解决所有的问题，对于学校的作业来说，更重要的是针对某一个或某几个比较具体的问题，能够有一个比较深入的观察和思考，最好是一种有洞察力、洞见力的思考，然后做出一个对具体问题非常有针对性的设计。我觉得一个好的设计，并不是说试图面面俱到，试图把所有的问题都解决了；什么问题都解决了的设计最后不一定是一个好的设计，它可能是一个中规中矩的设计，或者说是一个很成熟的设计，但它不一定是一个能够打动人的设计。就一个问题有比较深入的观察的设计比较吸引人，可能同学们通过这个竞赛能够感受到。

Q：您觉得低年级的同学该怎样学习和训练自己的设计能力？

A：在学生阶段做设计要避免宽泛和空洞的概念和命题，也没有必要面面俱到，尤其是一、二、三年级的同学。

我觉得对一、二、三年级的同学来说，题目宜小不宜大，但宜就某一个问题深入研究。我觉得这是这个阶段学生该做的工作，能使你对建筑学的理解打下一个更深入、更扎实的基础，而没有必要去贪大求全，如果什么都要解决，什么都要设计，实际上每一个点的理解都不够深入，比较皮毛，停留在表象上面。我觉得那样不好，尤其对于本科的低年级教学来说。

做建筑，很多功夫不是只在于你在课堂上和书本里学习的，实际上很大一部分也基于你的生活阅历和你的对实际的世界和环境的观察。我觉得学建筑很大一块不是在学校或者书本里完成，而是在于你的人生经历，尤其是旅行，和你日常生活中培养出来的观察力。

学生时期，本身阅历是有限的，可能观察的机会也比较少，所以不要把目光局限于书本上，尤其是不要只局限于那些大师、那些明星建筑师的作品。要培养自己对日常生活的观察能力。其实生活中总会遇到这样的机会，比如说你去一个公共空间，或者在某一种场所里，你可以观察人的行为和表现出的心理，这些和空间有一种什么样的关系。我觉得这是你做设计的一个基础。比如昨天黄居正老师讲到的，柯布对于修道院里的座椅和修士怎样用房间的观察。这些观察看似很细微，但对你做设计是有影响的。因为最终空间的质量很大程度上来自于尺度和对人的身体和心灵的关照，包括光线、材料等整体形成的一个氛围，和它们对人的作用，这些都基于你的观察。这一定不是一个很空泛的很概念的东西，而是很体验性，非常个人化的，你自己要有一个判断，而不是被动地接受知识。因为知识都是二手经验，而做设计很多时候都需要一手经验，一手经验需要你自己的体验，消化后产生你自己的判断。这个也是我觉得学生阶段比较容易缺失的，因为你的一手经验实际上是非常有限的和不足的，所以就很容易被人影响，很容易被那些形式和设计的套路所左右，所以一看就很容易感觉到是学习谁谁谁的风格，这是学生设计的普遍表现出的通病。

Q：您觉得设计能力发展阶段理性重要还是感性重要？

A：关于这个理性和感性的问题，我觉得设计能力发展的过程中，感性是很重要的，当然这不是说理性不重要，但是如果只有理性，做不出一个很好的设计。但是感性是因人而异的，我的观点是每个人在做设计的过程中都应该应用自己的感性，去挖掘自己非常感性的那一面。我是这样看建筑的，每一个建筑作为建筑师创作的作品，实际上就是建筑师的一个生命状态的反映，也就是说这个建筑就是你，就是你的一个片段，是你在这个时段、这个时刻下的一个状态的体现。所以我不太欣赏那些完全靠一种知识的应用和逻辑的推导所做出来的设计，因为那种过多的受限于理性的过程，但是它缺少了个人主体的经验层面的介入。当然每个人的天赋可能不一样，感性方面的敏感程度，包括对形式的把握的能力会不一样，但是我觉得只要你一直走在这条路上，在这方面有意识地挖掘和训练自己，保持那种敏感度，我觉得在提升设计能力方面是可行的。而且敏感度可以通过长时间的阅历的积累，以及有意识地观察训练和挖掘的。以后从学校出来，通过旅行和一些有意识地对建筑的观察，包括对建筑的体验和理解，都是可以培养感性和提升思考的。不要把自己局限于理性方面。

建筑不仅仅是理性推导，它需要感性，需要诗意，用阿尔托的话来说，建筑需要直指人心，它要能打动你。

Q：您对参赛同学有什么想说的吗？

A：对于参赛的同学，我想说，真正做好建筑要基于对生活的热情和观察，同时基于你对建筑学本体很扎实的学习和训练，这二者是缺一不可的，不能有所偏颇。建筑学本体的知识的学习和训练，这种基本功的训练，它是一个手段和方法，方法很重要，建筑本身是有很强的体系性的。但是对于生活的理解，对于艺术的敏锐，对于形式的敏感，这是自己的修养，是需要不断培养的，建筑师在这两方面缺一不可。参加这个竞赛我觉得也没必要把输赢得失看得那么重，更重要的是从这里面理解到做设计最重要的是什么。就像刚刚有同学讲他的方案，我说你用一两句话去讲你的设计什么是最关键的，有的同学就会愣一下，他要反应一下，就是因为他要讲一堆东西，但是到底什么是最重要的他反而要思考一下才能补充，但是设计最重要的正是这些核心的东西。同学们参加竞赛也是对这个"什么是最重要的"进行理解，同时也要了解在方法上、表达上什么是更重要的，这也是一种学习吧。

新人赛评委

王维仁

Q：您首次担任新人赛的评委，之前有关注过新人赛吗？

A：前几年首届新人赛时我碰巧在天大，听到这个消息，我就提名了港大的学生参加，最后到了日本参赛还得了奖。但后来可能还是因为香港大学建筑系讯息体系和国内不同，没有特别地通知，也就没有提名学生参加。所以虽然我知道新人赛这个活动一直持续着，但没有每年特别地关注。

Q：新人赛是一场略显另类的竞赛，它没有固定的题目，直接评选学生作业，并增加最后的现场答辩环节，对此您怎么评价？

A：没有固定题目，大家就不需要特地为它去做这个事，参加的人会更多。在这个过程中，也可以看到各个学校出的题目怎么样，所以比赛也就具有了另外一种教学上的意义。现场答辩环节是很重要的，尤其是对于学生竞赛来说。我觉得这里的所谓答辩，也不一定是真正意义上的答辩，不只是老师问学生然后学生回答，更是评审对这些设计提出他们的看法，并进行讨论，也是老师之间不同意见的讨论对话。建筑的设计是物质的，通过图面模型和语言的论述来表达。答辩应该是作品的评论与论述平台，也是一个对于设计教学最有效的方式，让学生透过老师的分析和评论，得到对自己和同学设计作品的自我反思。

Q：您对当下建筑教育有哪些看法？我们了解到您在香港大学任教，香港的建筑教育模式与内地是否有比较大的不同？新人赛同时作为建筑教育的交流平台，是否为您带来了一些不一样的体验与思考？

A：港大每年硕士收生申请，我都会看到国内各学校学生的作品集，比起过去，最近几年确实是有很大的改变。二十年多年来国内由苏联版本的布扎式建筑教育，也慢慢转变为以现代主义为思考模式的教学。我最近也在作品里看到学生比较多的对空间和生活的个人体验，表现在一些尺度比较小的项目里面，这是以前没有的。整体来说，国内学生的作品完成度都比较高，但显现设计的过程、研究和思辨性，可能没有港大学生那么多。我其实觉得重视结果也是一种优点，英美的教学模式重视过程中概念的发展，作品接近现实的距离是很大的。学习设计时强调过程当然也是重要的，比较容易突破既有的建筑、城市和既有设计系统的框架。现在的建筑教学体系，美国和英国的精英学校是一种，以形式和形式的论述为设计教学和答辩评论的主轴；另一种是欧陆的Technical University，他们的作品有比较强的工程与技术支撑，但好的建筑学校在扎实的基础上还是会有令人耳目一新的创造性，像苏黎世理工，维也纳和米兰理工学院等学校；另外的模式就是日本，他们教学也以务实和精确的工程训练为起点，但也许是开放的社会和文化艺术的普及，让学生自然发展了浓厚的建筑的个人艺术成分，这个是日本建筑的特殊性。日本当下的建筑师也能够将文化传统比较巧妙地反映出来，它的创新常常是一种比较日常、尺度不是那么大的一种生活上的创新。在新人赛里，如果一个学校参赛作品众多，那就可以比较明显地看到学校、至少是某几个老师的教学方向。我在新人赛作品也能够看到这些不同教育模式的影子，不同的老师去不同的地方留学，那他们就带回来不同的东西，学生能够比较敏锐地发现这种差异性就很好了。这几年在港大的教育中我也希望在英美模式里引入差异性，因此请了较多欧陆和日本的名建筑师当客座教授教设计课。最终的目的，无论中国内地或香港，中国应该在快速的建筑实践中寻找自己的教育模式，确立建筑本体的价值，而不是跟风抄袭时髦，时尚过了再换到下一个。

Q：在您的作品中，有这样几个关键词：合院、地景等，就我的理解来说，体现的是对传统的思考，对于环境、文脉、人们需求的尊重。在新人赛作品的评选中，您是否也会特别关注这些方面在作品中的体现？

A：合院这个形态如果能被大家不断地应用，我觉得是个好事。形态本质上非常简单，就很容易在这个基础上发展。其实形态学是一种研究方法，也是一种设计方法，合院形态自然应该也是一种设计方法。这样一种能够把自然和地景带进建筑里的空间模式，我们还可以把它变出或发展成什么新的概念：高密度、大树、地形、城市肌理等，所以我觉得作品里一再出现这个主题是很好的。但在今天这些新人赛作品里面比较少看到对景观，对树利用和融合得比较好的例子，可能是大多数建筑学校都在城市环境里面，所以出的题目也几乎都与城市环境相关。普遍的建筑系的学生对地形生态和景观没那么在乎，课程训练的也不够。我在读大学的时候是地质系的，大一的时候会出去看田野，了解什么是地形、山谷，水怎么流，哪些地方土比较多，树怎么长，风从哪里来，这些都是基本的环境与生态的问题。我后来发现建筑系学生一开始就做量体的训练，对地景就关注了解得比较少了。

Q：新人赛面向群体为本科 1～3 年级学生，属于本科前一阶段，对于这段时间的学习，您有没有一些建议？

A：这个嘛，好好念建筑嘛（笑）。

其实一年级到三年级基础学好应该就可以自己走路发展自己的方向了。一到三年级其实都是空间形式和功能与构造的设计训练，逐渐地涉及问题更复杂，考虑的方面更多，是一个不断在进行操作、加深的训练过程。一年级对空间，对构造和人作了一些了解，到二年级、三年级，知道更多更深的建筑基本概念，年级越高，就越有能力把复杂的事情做得完备、清楚。一到三年级就是在不断地重复，只不过是程度逐渐加深了，所以不是说三年级做很复杂的住宅设计或者说博物馆，你就忘记了一年级时候的基本空间问题。在国内学生的作品中经常容易看到做了复杂的问题以后，建筑就没有了，照顾到逃生梯后最主要的建筑就不见了，这也是建筑教育最难把握的事情。

建议嘛，学生每次设计有自己的老师指导，除了跟老师学习，要把眼界放开多看，但不是跟风。细读现代建筑经典的作品是很重要的，看的时候不要肤浅地只看形式，而是理解空间与结构，还有其所处的社会与环境。

Q：您有很多的设计作品，遍及各个城市。而不少人当下却都在担心建筑业的"衰退"，产生浮躁、失望的情绪。在这样的背景下，您如何始终保持着对于建筑学的热情？

A：建筑界冷静下来是一个回归正常的现象，历史上没有任何一个时期在那么短的时间内建设那么多的混凝土构筑物，这是史无前例的，严格来说这是个环境的大灾难。我们在这么短的时间内把地球四分之一人口聚集的地方做了这么大幅度的改变，变得大多数人都认不出来自己成长的城市环境了。面对大量投机性的开发，慢慢地减少不必要的建设是合理的，未来中国主要的问题之一，恐怕就是怎么去消化或转化那些不会有人住的高层混凝土盒子。我不希望将来中国建筑师都像意大利建筑师那样没有太多新房子设计，但也不希望人们永无止境地投机消费楼盘。对于我自己来说，我做的都不是那些商品房或大型建设，也永远可以找到一些边缘的设计去做，就像到村子里参与乡建，在乡下盖房子。我们到了一个时候都应该要想一想下一步建筑应该做什么，自己过去做的事情有没有想错，能不能做得更好，是不是浪费了比较多的时间跑来跑去，而不是把少的一点事情做得比较好。如果说焦躁，那就是焦躁自己有没有进步了。

新人赛评委

孔宇航

Q: 建筑新人赛与别的专业竞赛不同于"新人"二字，对此，您觉得建筑新人应该具备哪些方面的能力呢？或者说在您的眼中建筑新人赛评选的侧重点在哪里？

A: 建筑新人的能力应该从国际的视野来看，中国未来的建筑师应该引领世界潮流而不仅是亚洲。怎样通过这个竞赛提高中国建筑教育的整体水准，不光是老八校，而是全国所有的建筑类学校都能够提升，我觉得新人赛的意义在这。学生的功底很重要，功底分两个方面，一个是他的设计能力，一个是设计落地的能力，也就是建造的能力，这一点中国明显跟日本或是欧洲是有差距的，所以在我看来就是设计跟建造整体的能力，当然这就要反映未来的建筑跟人的关系，或者说是建筑跟环境的关联。

Q: 您一直从事于建筑教育方面的工作，请问您觉得对于大一到大三这样的建筑新人来说，我们应该学习一些什么？在这个时期应该着重培养自己的哪些能力？

A: 大一到大三，根据教育大纲，主要是基本功的训练，但实际上现在我感觉在这样一个信息互联网时代，学生不仅是要去获取知识，而且要学会怎么去筛选学科里的知识，然后广泛地获得一些复合性的知识，但这个在我们教育体系里面强调得比较弱。所以我觉得结合信息互联网时代，从概念层面或者是对建筑的本源的追溯，学生应该更多地去思考这些根本的问题。

Q: 您同时接触过中国和西方的建筑教育，您觉得这两者有什么不同？以及西方建筑教育有哪些值得我们借鉴的地方呢？

A: 以美国为例，西方更多地强调概念性的东西，就是conception design，但是实际上他的概念设计在最后生成的深度，有时候是比我们中国要深，换句话说，他一方面强调建筑概念，一方面很脚踏实地。那中国现在有两种倾向，这两种倾向都有缺点，一种就是特别强调基本功，以至于部分教师跟学生就不知道什么是概念创新，二百六十多个学校里面，有一大部分是这样的；还有一种倾向，通常是排在前面二十多所学校里面的一些所存在的，强调概念设计，而忽略了关于建筑的本体和本源这些最基本的东西的训练。这两种倾向都是当前我们中国建筑教育界需要克服的问题，就是一方面要有很高的视野，一方面要很脚踏实地，但是这种脚踏实地要建立在当代的水准上。

我觉得西方教育整体因为二十世纪没有经历中国这种剧烈的运动和断层，它是一个相对比较成熟的体系。但它的变化也挺大，有的学校比较强调对传统建筑更新的研究，有的学校特别强调创新的能力。我觉得从这次作品看来，中西方教育的差距也没有那么大，中国最近这十年已经到了相当的水准，但是还是存在我刚刚说的那些问题，这不光是学生的问题，同时也是我们教育机制的问题，还是大批设计老师本身需要提升的问题。

Q: 看过选手们的作品您认为他们中有什么特色或能力是吸引到您的吗？以及有什么普遍存在的缺点吗？

A: 总的看完作品，我觉得有以下两个类型，一种类型就是很多学生概念相当棒，他不光概念做得挺好，同时还会把它有效地转化成建筑的空间与形式；第二种类型就是学生本身的建筑修养已经达到一定的水准，你从他的模型、平立剖和他的表现都能看出他有很深的工程知识，同时又有美学修养，形式生成方面有超强的能力。我觉得这些学生的作业能够在某种意义上引领中国整体的教学（在学生这个层面）。我一般看设计作品，一是看概念行不行，就是你的建筑概念有没有把握住我们当前国际范围内的建筑思潮；另一个就是你有没有很强的空间生成和形式操作能力。

缺点就是普遍来说，我们的作品模仿性还是存在的，不是真正的学生的原创；另外还是出现一些倾向，这种倾向更注重图面的表现，或者是模型的表现，而对建筑内在的场所感，包括建构方面的问题，甚至是对空间的领悟能力，都存在需要改善和优化的地方。

Q: 面对目前的行业形势，您认为作为学生，我们需要有什么样的心态？需要加强哪些方面的素质来应对未来的建筑业？

A: 竞争力。第一个是你必须在本科一到三年级期间强调竞争力的意识，第二个还是需要相对宽的基础，就是一旦整个建筑就业的形势遇到大的问题，你能够很快转成相关的行业。我觉得学生一方面建筑的学习要很深，同时自己要有一个宽基础，这样才能应对未来不确定的状态。

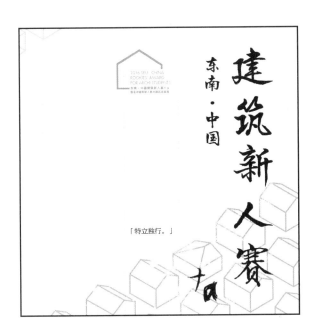

2016 SEU CHINA
ROCKIES AWARD
FOR ARCHI. STUDENTS

东南·中国

建筑新人赛

「特立独行。」

曹伟

Q：作为一名优秀的设计师，也是我们建筑学生的大学长，您在学生时代是不是也参加过一些竞赛？您觉得如今的学生竞赛和过去的有什么不同之处？

A：我们那时候的设计竞赛的机会非常少。现在的学生不光参加竞赛的机会增加了，而且竞赛的形式也丰富了。以前的设计竞赛都会给定一个固定的题目，而且不像"新人赛"，是开放式的，可以去交流的。封闭式竞赛通常给定一个固定的题目，而且选手不能和评委见面，也不知道评委对作品如何点评。新人赛的机制允许学生提供课程设计中的作品，而不是为了新人赛去特别准备，这对学生的课程学习有相当的促进作用。尤其是一、二、三年级学习主要是打基础的，到了四、五年级设计作品越来越复杂、规模越来越大时，很多人都会遇到瓶颈期。通过这种竞赛，学生和学生之间交流，学生接受大师点评，对于学生建筑思维的转变是有好处的。对于很多学生来说，一、二、三年级自己的建树还没有完全形成，关注于学习一些技巧。我们学院的学生也有这个问题，他们对于图纸表现手法很好、形式感很强的作品会感到羡慕。但是到现在无论是竞赛还是建筑学教育，还是更希望可以去挖掘学生兴趣，就像国外的教育方式，不一定教你一些技巧和方式方法，而是表现你个人的兴趣和特长，挖掘你的潜力。相信这才是竞赛的目的，我觉得很好。

Q："中国建筑新人赛"将关注点置于"中国"和"新人"。无论是通过这次竞赛还是在竞赛之外，您一定接触到了很多新一代的中国建筑人，您觉得他们有什么特点？他们和国外的建筑新人以及前辈们有什么不同？

A：其实中国的学生特别聪明，学什么都特别快，但是可能缺乏一些对问题的思考，缺乏一些自己的个性和特点。现在外面的资讯也比较发达，获得资讯的途径很多，可能会让学生趋向于模仿。以前我们比较多的学习模式就是分析案例，根据分析去做一个课程设计。我觉得我们现在的新人，应该鼓励他们自己对一个现象或者问题进行思考，然后从这个问题上找到一个自己的切入点，用自己的想法去解决实际问题。

Q：您曾经说过"没有最满意的作品，建筑师最满意的作品永远是下一个"，您可以与我们分享一下这句话的含义吗？是否代表着一种"止于至善"的精神？

A：从某种程度是在说明成为一名建筑师需要一个不断学习的过程。像我们以前这种老一辈觉得建筑师的成熟应该都在四五十岁以后，因为这个职业是需要阅历和积累的。对于"设计"这个行业也是这样的。不像其他的一些行业，建筑设计这个行业是一直在变化的，需求在变，技术的手段也在变，需要不断地调整和学习。这句话的另一个意思也是说，其实我们在学校做设计做方案都是一个理想化的状态，一旦到了社会上面，去真正从事这份职业的时候，建筑的好坏、最后完成度如何，受到的制约就比较多。有方案的因素，也有业主、投资、施工单位方方面面因素的影响，造成设计师总觉得自己这个作品是不满意的。我看过一篇文章，有关东京市政厅大楼。我自己现场去看过的，其实这个作品很精致，但是在设计者眼里存在的问题就很多，存在着很多他的遗憾。所以为什么说建筑是一个遗憾的艺术，就是这个原因。

Q：您提到实际工程和我们在学校做设计有很大区别。您认为学生设计竞赛的主旨应该在于发掘优秀的未来实际工程的领导者，还是建筑思潮的开拓者呢？

A：我觉得学生阶段不要受到过多条条框框的影响。我们做工程实践的时候有很多现成的规范和限制，包括对具体功能的设定，业主的品位等，都会对方案造成影响。但是在学生阶段我觉得还是要鼓励放开思维。因为过个20年，你们这一代新的建筑师就跟现在的我们一样了，到时候你们的设计肯定要和我们现在的设计有所区别的，所以我还是鼓励创新。但是创新也不能脱离实际，变成一个不着边际的浮想。要基于对建筑的一些基本认识和对问题的深刻思考，找一个切入点，然后用自己个性化的方式解决问题。

Q：您觉得这次比赛中的作品有什么整体特点吗？

A：我是第一次参加新人赛的评审，我自己觉得还是有很多惊喜的。一、二、三年级的学生应该是打基础的阶段，但是他们拿出来的很多方案都是比较成熟的，无论是设计的概念、图纸的表达，包括模型都做得非常精美。跟我以前对三年及以下学生能力的印象有很大反差，觉得现在的孩子真不错。而且有很多方案富有自己个性化的想法，思考得比较深。虽然三年级学生从技巧上，包括整体的逻辑性、条理性，还有很大提升空间，但是这没关系。学生阶段就应该鼓励他有他自己的想法，缺点和遗憾都不是问题。我觉得如果拿出来的方案非常完善，让我觉得一个成熟的建筑师也只能做成这样，我反而认为这个学生以后不见得会有更大的潜能。

Q：请谈谈给您留下印象最深的几个作品。

A：西安建筑科技大学有一个以秦腔为主题的作品。结合了光腔、声腔，我对它还比较看好。这个概念我觉得蛮好的。因为如果以国际视野去和亚洲其他国家的作品进行 PK，她有她的地方特色。但这个方案可能受到一个三年级学生能力的限制，最后呈现的设计方案还是有很多缺憾的。如果有一定的时间和指导老师的修改，我觉得这个作品会有一定的竞争力。因为她把秦腔，一种腔调和跟空间的腔室、光腔去结合。而且作为一个非物质文化遗产的展览馆，它的展品本身——秦腔这种表演，就是具有互动性的。这种模式和其他展览馆还是有区别的。但问题在于她对空间的把握，包括腔体材料，包括空间的整体性上还是有欠缺的。另外有一些方案虽然不是具体建筑设计的方案，但是它是通过对社会现象和问题的思考，通过装置的介入，活跃社区的功能，补充社区缺失的东西，我觉得这种也需要鼓励。

如果我是杨廷宝

If I were Tingbao Yang

杨廷宝 字仁辉 国立中央大学 教授

中国科学院院士 中国近现代建筑 开拓者之一

"重走老南京"
利用建筑新人赛的机会，游览南京地区杨廷宝设计的一大批作品。

在 2016 建筑新人赛期间，全国各地学子齐聚南京，以杨廷宝先生设计的建筑作品为线索，参观了南京地区的大量文物古迹，并见识了知名的建筑设计方案。同学们在参观过程充分体会了古老南京的独特魅力，并进行了小范围的交流研讨活动，分享了来自各个学校的学生对杨廷宝这样的建筑大师的膜拜之情以及学习心得。

通过联谊和研学，杨廷宝的设计方法和治学经验得以广泛流传，不仅仅是在内部实现了东大人的自我传承，更是实现了对外的精神传递。

成果展览
在学校的逸夫建筑馆集中展出了同学们的研学成果。

在对杨廷宝建筑进行实地考察，对其学术资料进行分析后，我们将各自的研学成果通过图纸、模型、作品册、视频等多种形式进行表达，并于 2016 年 8 月 20 日至 31 日，借 2016 建筑新人赛的平台进行集中展览，以期将杨老的严谨作风和研学精神传递给更多的建筑学新人。

展览期间，展厅每天吸引了大量的观众前来参观。其中有东南大学的师生，也有周边社区的居民，还有很多南京地区的建筑爱好者。活动收到了良好的社会反响，同学们也在这个过程中体会到了研究成果受到认可的成就感。

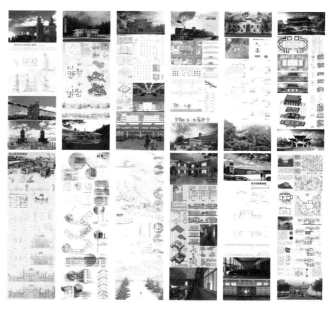

优秀作品
Works of Excellence

CHINA

杨梦姣

西安建筑科技大学
建筑系三年级
指导教师：何彦刚

情谊之家 - 十张照片摄影博物馆

任务书

　　十张照片的摄影博物馆建筑设计（11周）。从作品认知入手，围绕"生活与想象"寻找恰当的感知线索，结合展示环境、特点等分析内容，探索合适的展示方式，设计可容纳十张摄影作品的展示空间，体现人与展品的关系。为明确的对象做针对性的设计是题目设定的前提，教学聘请了著名摄影师讲述其摄影作品及背后的故事，并提供百余幅不同主题系列的照片，学生可依据照片主题、打动自己的作品或者故事线索等方向 选择十张作品作为其博物馆仅有的展示物。

指导教师点评

　　照片是设计的起点。《情谊之家》建筑设计选取了十张反映过去人与人之间亲密情谊的摄影作品，学生用坟冢一样的空间去盛纳照片，意图表达那种亲密关系的不再，以及现代社会中人与人之间的疏远。在照片的感染下，学生的内心有所表达，并且通过恰当的空间和材料手段实现了内心的表达 说出了心中的话 这是该方案最打动人的地方。（何彦刚）

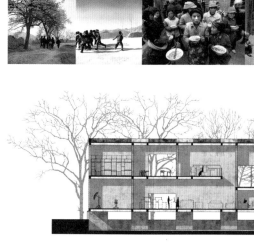

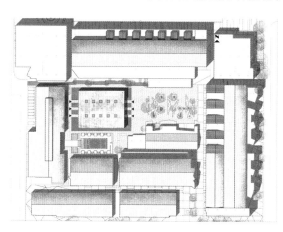

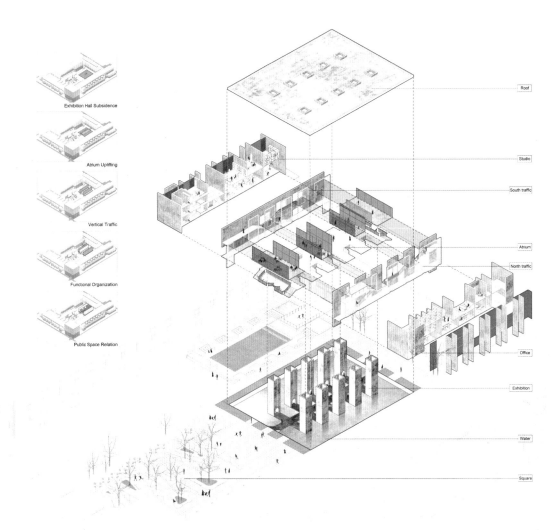

Exhibition Hall Subsidence

Atrium Uplifting

Vertical Traffic

Functional Organization

Public Space Relation

Roof

Studio

South traffic

Atrium

North traffic

Office

Exhibition

Water

Square

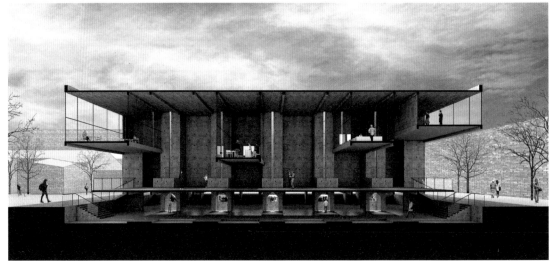

设计说明

　　设计的出发点就是十张照片。我选择的这十张照片都表现出人与人之间的亲密关系。现在社会人与人之间都是疏离冷漠的，像照片中那样亲密无隔阂的感觉越来越难以体会到。所以，做这样十张照片的博物馆也是想要提醒人们不要忘记这种亲密感，甚至可以挽回这种亲密。

　　接下来就是营造核心展览空间。它是半地下空间，光线较暗，略带沉重的感觉，通向十张照片的路也不是那么宽敞，周围是一片水面。当人走在这条路上时，会自然产生一种独孤荒凉的感觉。但当人走到照片的面前，会发现照片所处的空间是高大明亮的，甚至有点神圣。这两种感受的对比使照片中的场景更加动人鲜活，加强人们对照片的理解和感受。另外，照片所处的十个小空间是水面，人无法踏入，所以也会让人们对照片中的场景产生一种可望不可即的感觉，更加体会到亲密的逝去。

　　进而通过对场地的分析，将其他功能与核心空间融为一体。

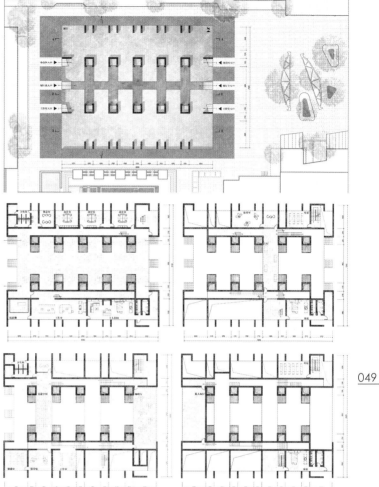

郑芷欣

天津大学建筑学院
建筑系三年级
指导教师：汪丽君　张昕楠

图书馆 +X

戏掏清泉洒蕉叶，
儿童误认雨声来。

任务书

以小型图书馆作为切入点，添加一种或多种其他功能，二者各半，结合组成图书馆 +X。图书阅览空间不只为满足阅览功能而存在，应当形成知识广场。同时，图书馆应作为为整个建筑及社区营造活力的媒介，最终应成为能够负担社区复兴角色的公共建筑。(5 周设计）

指导教师点评

西扎说过：建筑师不发明东西，建筑师只是转化现实。因此设计与其说是在解决当下的问题，不如说是在解决过去、现在和未来的连续性问题。郑芷欣从对天津日租界老社区的日常生活观察出发，为这里的老人与孩子设计了一座社区活动中心，供社区居民进行中国传统民间游戏用具空竹和毽子的制作与玩乐。设计的出发点带有一种质朴的人文关怀，而不是简单的情绪表达。在实现设计意图的过程中她不断追问如何在传承中保存个性，又在场所的差异下寻找传统的一贯性，这是非常可贵的回归日常生活的建筑探索。在这个过程中，她用建筑师的语言创造人的快乐、建构人的尊严、恢复人的伦常。(汪丽君)

场地现状

- 少年宫、社区活动中心
- 居民聚集地
  （儿童公园、公寓楼底）
- 小学

- 场地主要人群是老人和小孩。
- 老人缺乏集中活动场地，大多时候会到儿童公园里坐着，生活比较无趣。
- 学生下了课大都被领回家，缺少课余活动。

社区老人喜欢的活动

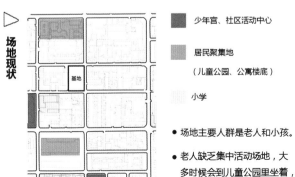

抖空竹　　　踢毽子　　　跳舞

- 社区老人们偏爱以上几种活动，活动的伴侣大多为同龄人
- 市空竹队在该社区。

互动

传承

让老人有事可干，有场所可活动。
沟通起社区年轻一辈与老一辈的交流。

老人教，
小孩学。

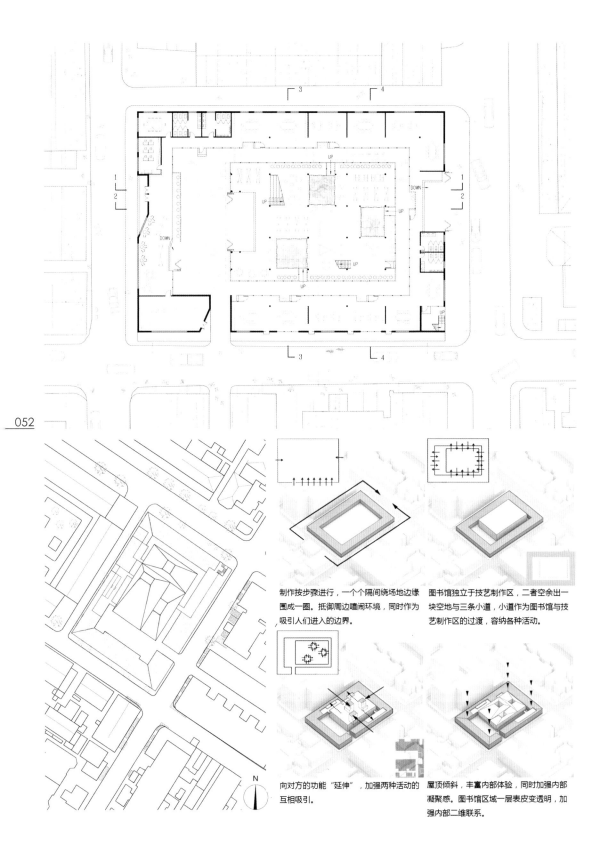

制作按步骤进行，一个个隔间绕场地边缘围成一圈。抵御周边喧闹环境，同时作为吸引人们进入的边界。

图书馆独立于技艺制作区，二者空余出一块空地与三条小道，小道作为图书馆与技艺制作区的过渡，容纳各种活动。

向对方的功能"延伸"，加强两种活动的互相吸引。

屋顶倾斜，丰富内部体验，同时加强内部凝聚感。图书馆区域一层表皮变透明，加强内部二维联系。

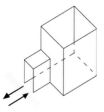

设计说明

希望通过传统工艺作坊，建立起社区老一辈和年轻一辈的沟通，同时对传统手工艺的传承起到推动的作用。手工作坊作为 X，与阅览部分相辅相成，通过一定的布置方式，达到满足自身使用且吸引对方的目的。同时，这样的布置方式不对使用目的提出严格限制，各种活动自然发生和进行，如运动和阅览同时发生、吸引，"混乱"而又有序。

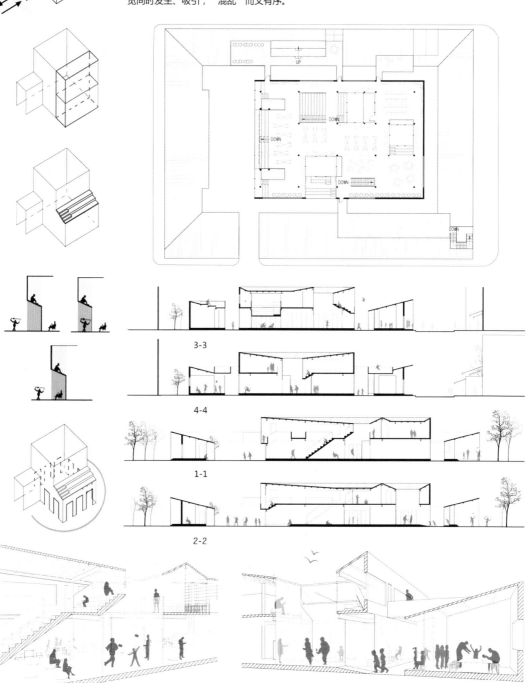

3-3

4-4

1-1

2-2

CHINA

2016 东南·建筑新人赛 BEST 16

曹蔚祎

东南大学
建筑系三年级
指导教师：唐 芃

昨日重现

指导教师点评

重庆是一个神奇的城市，除了奇绝的地形外，我觉得，那些在华丽的现代外表下以及高楼大厦的缝隙中，依旧好好地保藏着的市井生活及其物质载体是一种更为珍贵的城市记忆。出生于重庆的曹蔚祎同学，选择了重庆曾经非常重要、如今渐渐被遗忘的缆车作为设计的引导。在"昨日重现"这个作品中，博物馆的形式并不重要，重要的是它的参观方式：复建后的缆车车厢就是城市记忆的"时光机"，顺应原来缆车的轨道，"时光机"穿越沿山体两侧的民居，穿越顺势而建的城市记忆博物馆，将人们从山上送到江边；又仿佛经过时空转换，连接现代化的过江索道到达对岸。

在这一条线上，关于一个城市的记忆，从未走远。

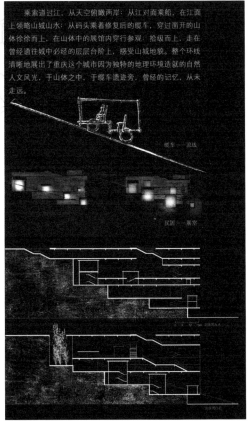

乘索道过江，从天空俯瞰两岸；从江对面乘船，在江面上领略山城山水；从码头乘着修复后的缆车，穿过凿开的山体徐徐而上，在山体中的展馆内穿行参观；拾级而上，走在曾经通往城中必经的层层台阶上，感受山城地貌。整个环线清晰地展出了重庆这个城市因为独特的地理环境造就的自然人文风光。于山体之中，于缆车遗迹旁，曾经的记忆，从未走远。

缆车——流线

民居——展客

0 20 40 60m ▲ 总平面图

Yesterday once more
昨日重現

2016 东南·建筑新人赛 BEST 16

刘妍婕

天津大学
建筑系三年级
指导教师：张昕楠 王 迪 戴 路 赵 伟

小隐于弄——丰子恺漫画展览馆 & 青年旅舍

指导教师点评

　　"恢复天真！"可能是刘妍婕同学这个设计给我最大的启发。当她选择漫画作为这个艺廊主题的时候，当她选择挑战传统展览建筑类型的时候，如何"恢复"丰子恺作品中的"天真"的问题其实已经被解答了一半。开始阶段对于丰子恺漫画作品中"犄角旮旯"的分析，对"市井"一词的解读，成为了后期形式操作语言的基础和空间气氛营造的目标。进而，以一种"天真"的方式，将客舍这一看似不相干的类型与展览空间相融合，形成了一种崭新的空间系统。当然，"天真"的过程并不等同于"任性"，在设计的过程中，妍婕同学对丰子恺漫画中"市井"的传统里弄住宅进行了充分的实例考察，并翻阅了大量的相关研究，在平面和剖面的设计中，对考察研究的结果进行了很好的诠释。

里弄空间分析

体块生成

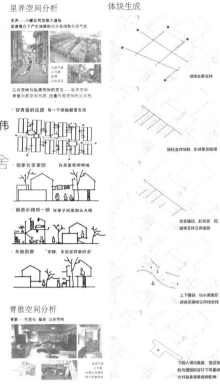

青旅空间分析

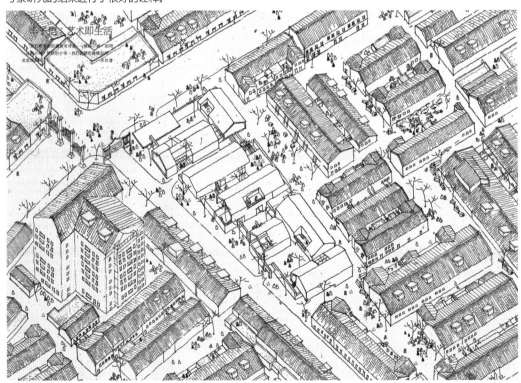

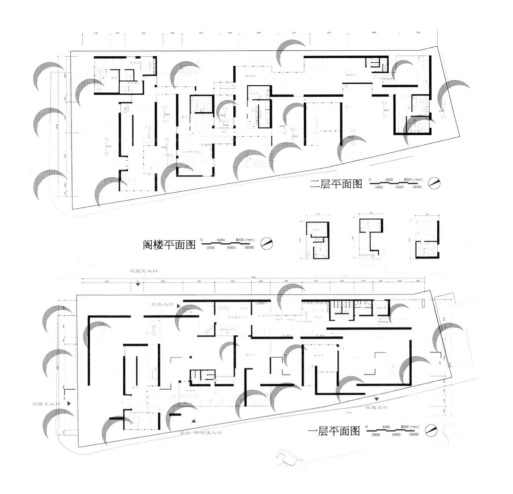

二层平面图 　0　2000　4000　6000　8000　10000 (mm)

阁楼平面图 　0　2000　4000　6000　8000　10000 (mm)

观展次入口

春茶入口

观展主入口

观展出口

一层平面图 　0　2000　4000　6000　8000　10000 (mm)

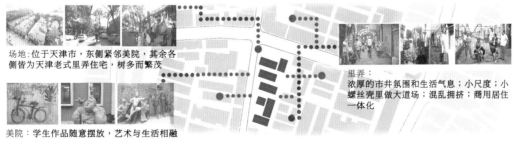

场地：位于天津市，东侧紧邻美院，其余各侧皆为天津老式里弄住宅，树多而繁茂

美院：学生作品随意摆放，艺术与生活相融

里弄：
浓厚的市井氛围和生活气息；小尺度；小螺丝壳里做大道场；混乱拥挤；商用居住一体化

现浇混凝土外墙
EPS板
耐碱网布
抹面胶浆
木质装饰面板

A-A1剖面图

构造节点　　　　复提节点（三看）　　　　景观节点　　　　体验节点　　　　售卖节点　　　　生活节点　　　　漫游节点

CHINA

周荣敏

厦门大学
建筑系三年级
指导教师：邵　红

飞鸟集

指导教师点评

　　该课题选址辽宁盘锦红海滩，月牙形小岛的形态非常有特色，在这个场地上构筑候鸟之家，需要充分利用基地的特色，尊重当地自然环境，使建筑自然地融入其中。

　　设计方案本身的图纸表现比较到位，气氛把握也很不错。将整个观鸟建筑打散成小体量延伸开来，自由地布置在月牙岛上，一定程度上消隐了建筑，减小了对周围环境的破坏。设计最大的特点是从鸟的角度出发，为候鸟提供了一个停歇休息的空间，将候鸟和人聚集在一起，同时又能保持一定距离。其结构上采用的交叉状结构构架也很有特点，如果能把结构体系和建筑造型、立面语言结合起来设计，整个建筑物的特点会显得更为突出。不足之处在于，立面随机开洞的方式，与建筑本身的理念没有太大的关系，山墙面和主立面之间的处理手法也过于类似，反而削弱了建筑的表现力。但总的来说，该方案清新、自由，如果能把各种设计语言统一起来，并把场景的设置和小岛的特点结合起来，可能会更加纯粹。

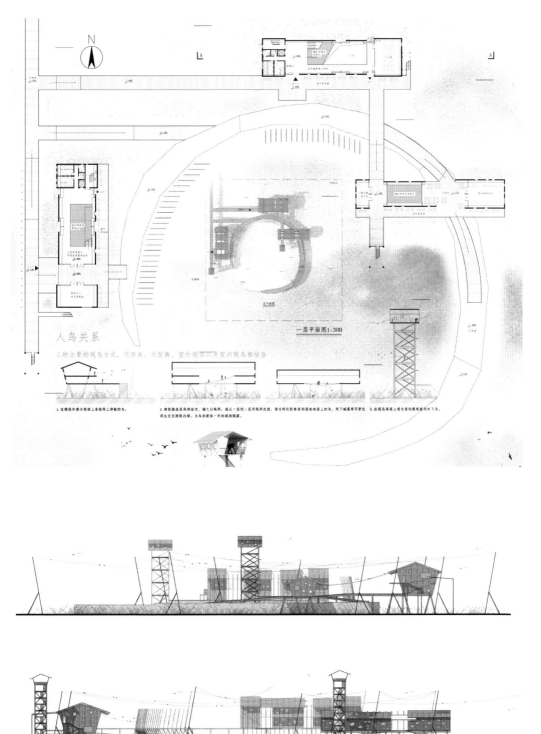

人鸟关系

三种主要的观鸟方式，近距离、远距离、室外观鸟以及室内观鸟相结合

一层平面图1:300

策略

周子涵

河北工业大学
建筑系三年级
指导教师：赵晓峰 胡英杰

筑隙——古镇旧城的可变式激活体系探索

指导教师点评

　　设计积极介入并影响旧城普通人生活的公共空间，以弥合旧城中现存的各种问题；在整个研究与设计过程中，鼓励和提倡对传统设计方法的结合和创新，采用点线面逐级串联的形式，着重考虑了室内空间的可变性，不同人群的使用需求以及对建筑产生的自发性影响，以达到提升旧城活力、改善旧城环境、发扬旧城传统、鼓励塑造面向未来开放互动的新型城市空间的目的。

节点一·可折叠创意集市单元

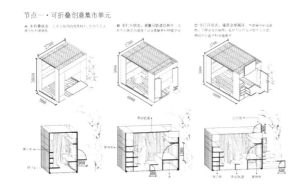

· STEP 1 定点

· STEP 2 主线

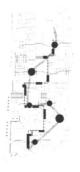

· STEP3 连接

· STEP4 扩散

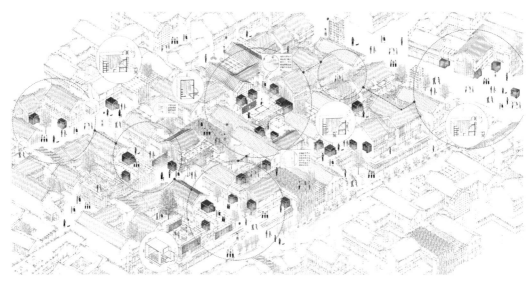

轨道单元组装化

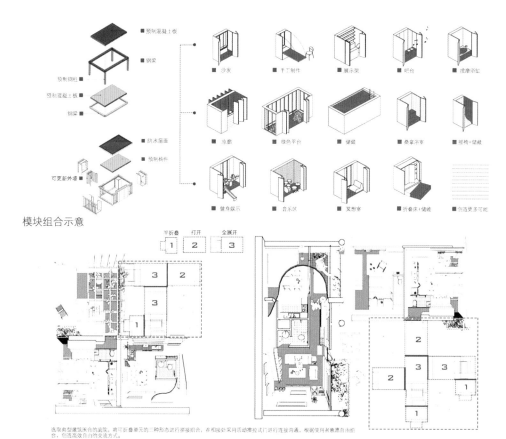

预制混凝土板
钢梁

预制钢柱
预制混凝土板
钢梁

防水屋面
预制构件

可更新外墙

■ 沙发　■ 手工制作　■ 展示架　■ 吧台　■ 按摩浴缸

■ 冰箱　■ 绿色平台　■ 储藏　■ 桑拿浴室　■ 摇椅+储藏

■ 健身娱乐　■ 音乐区　■ 冥想室　■ 折叠床+储藏　■ 创造更多可能

模块组合示意

平折叠　打开　全展开
1　2　3

选取典型建筑阳台的宽度，将可折叠单元的三种形态进行拼接组合，在相接处采用活动推拉式门进行连接沟通，根据使用者意愿自由组合，创造高效自由的交流方式。

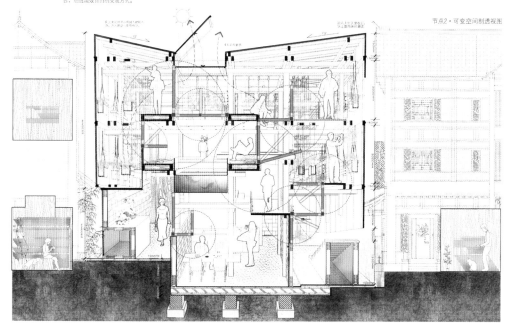

节点2·可变空间剖透视图

CHINA

2016 东南·建筑新人赛 BEST 16

罗珺琳

天津大学
建筑系三年级
指导教师：王 迪 张昕楠 戴 路

罅隙居住

指导教师点评

    Share House 作为新的住宅类型，近年来在日本建筑设计领域获得了越来越多的关注。在这一类型的住宅中，整个功能体系呈现出一种 Bedroom+ 的状态——即保证入居者最基本的生活空间单位，而将其他的居住行为活动组织在公共生活空间中。

    罗珺琳同学的 Share House 是一个从电影开始的设计，《志明与春娇》中的"后巷"成为了创造 Share 的空间类型，并以之于竖向贯穿住居系统，某种程度上达成了某种"非目的的目的性满足"。这种竖向"后巷"的植入，不仅限定了建筑系统之中的内外，更成为了其他功能性空间联系、进行交通的空隙，以一种"中介"的状态打破了简单的功能定义，也为其中的居住者创造了更多"相遇"和"相知"的机会。

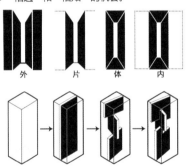

外 片 体 内

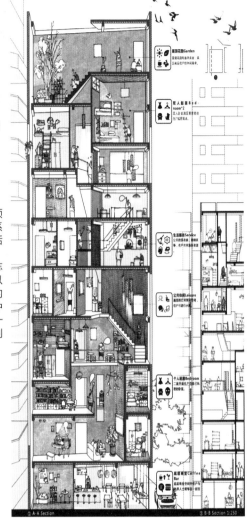

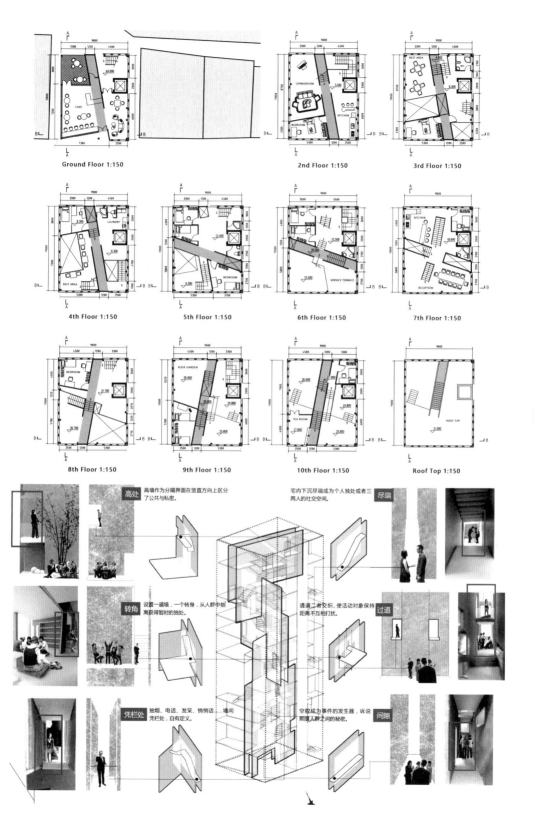

Ground Floor 1:150

2nd Floor 1:150

3rd Floor 1:150

4th Floor 1:150

5th Floor 1:150

6th Floor 1:150

7th Floor 1:150

8th Floor 1:150

9th Floor 1:150

10th Floor 1:150

Roof Top 1:150

高处　高墙作为分隔界面在竖直方向上区分了公共与私密。

宅内下沉尽端成为个人独处或者三两人的社交空间。　尽端

转角　设置一道墙，一个转身，从人群中抽离获得暂时的独处。

通道二者交织，使活动对象保持距离不互相打扰。　过道

凭栏处　抽烟、电话、发呆、悄悄话⋯⋯墙间凭栏处，自有定义。

空腔成为事件的发生器，诉说熙攘人群之间的秘密。　间隙

CHINA

2016 东南·建筑新人赛 BEST 16

杨 琨

西安建筑科技大学
建筑系三年级
指导教师：刘宗刚

后土摄影博物馆

指导教师点评

　　《后土》建筑设计选取了十张反映黄土地风土人情的摄影作品，利用现代夯土技术所呈现的材料进行空间氛围的营造，探讨照片主题、气氛、场景、视线、画面等与建筑空间及观展人群之间的关系，意图塑造与展现其心中对于展品照片及其背后人文的理解认知。建筑形体处理在感知场地现有元素，真实、准确的体验与理解之后进行具体设计，回应场地周边的工业遗产文化背景，以同构的方式嵌入场地中，形成对话关系。

　　该作业充分贯彻并反映了我校《以建筑学专业认知规律为线索的建筑学教学体系改革》三年级课程的教学内容与目的：通过建筑作品分析，了解设计前期步骤与程序；以"空间关系与空间特征"为研究主线，学习设计方法与语汇；基于对展品照片的解读进行构思立意，探讨空间、人、展品三者的关系；感知场地现有元素，真实、准确的体验与理解之后进行具体设计；理解建筑材料的表现力并初步掌握建筑材料的使用；依据展品及观看方式设计特定的空间与流线。最终作业创意独特，手法简洁，表达清晰、适度。

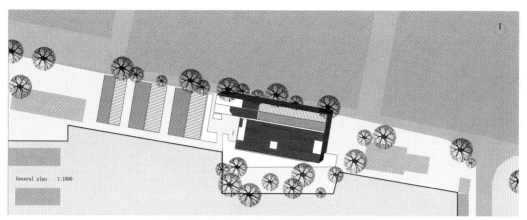

General plan   1:1000

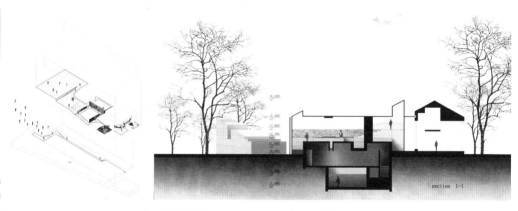

section 1-1

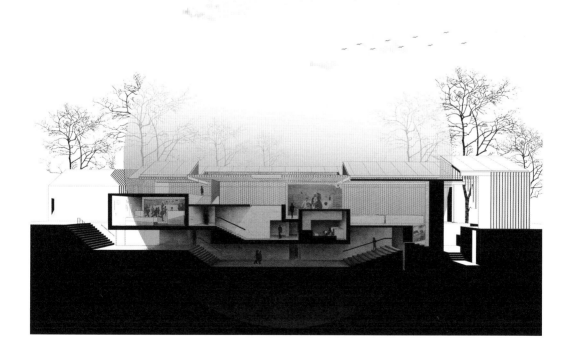

CHINA

2016 东南·建筑新人赛 BEST 16

黄舒奕

同济大学
建筑系三年级
指导教师：庄　慎

缝隙——小菜场上的家

指导教师点评

　　学习设计当中，想法与方式是怎样关联转化的，手法是怎样在应用变化中产生意义的，这是重要的训练环节。菜场家这个设计题目对三年级上的阶段比较复杂，要同时处理菜场、住宅本身的问题，两者之间的关系以及与城市的关系。本案"缝隙"的想法切入角度并不大，因此较好地完成了。该想法有价值的地方在于，通过这个训练，学生可以具体体验到如何从一个想法建立起整体，想法与手段运用之间的关系。

　　选择「缝隙」作为关键词，最初来源于设计者赴法国旅游时看到的由相邻建筑缝隙改造而成的小商业街。光线透过建筑缝隙所创造的温暖、亲和的氛围使其有别于其他开放、宏大的市场空间。因而我试图将缝隙所带来的空间感受应用于田林菜场当中。

总平面图 1：1000

缝隙 | 离而不远的状态

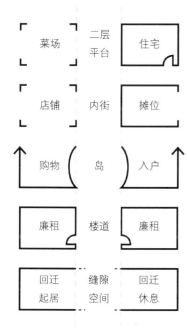

菜场	二层平台	住宅
店铺	内街	摊位
购物	岛	入户
廉租	楼道	廉租
回迁起居	缝隙空间	回迁休息

| 岛 |

菜场内有两个岛状空间，它们依托于入户台阶形成等候亭，并将入户的人流与购物的人流分隔开来，确保了入户空间的纯粹。

| 内街 |

内街是菜场最主要的空间，引导着出入于社区与城市的人流，并且将场地一分为二，使得廉租与回迁组团能够互相独立。

在住宅的「缝隙」上采用了不同透明度的玻璃，使得处在缝隙空间中的人，在保证私密性的同时，可以与同一楼层、不同楼层甚至菜场上的人发生互动。而在菜场的断裂面上，也采用了与住宅相同的磨砂玻璃，既实现了夜间的采光，又强化了「缝隙」的形式关系。

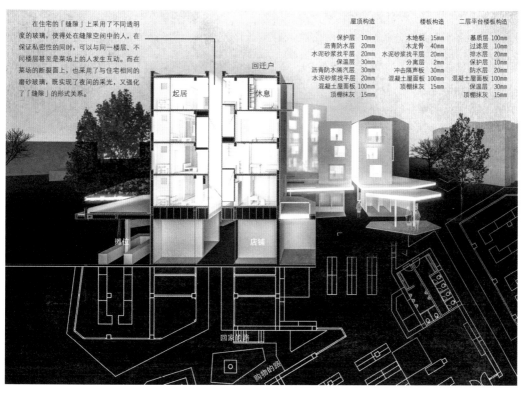

屋顶构造		楼板构造		二层平台楼板构造	
保护层	10mm	木地板	15mm	基质层	100mm
沥青防水层	20mm	木龙骨	40mm	过滤层	10mm
水泥砂浆找平层	20mm	水泥砂浆找平层	20mm	排水层	20mm
保温层	30mm	分离层	2mm	保护层	10mm
沥青防水隔汽层	30mm	冲击隔声板	30mm	防水层	20mm
水泥砂浆找平层	20mm	混凝土屋面板	100mm	混凝土屋面板	100mm
混凝土屋面板	100mm	顶棚抹灰	15mm	保温层	30mm
顶棚抹灰	15mm			顶棚抹灰	15mm

CHINA

2016 东南·建筑新人赛 BEST 16

毛升辉

「"智地碟郁"」

天津大学
建筑系三年级
指导教师：张昕楠 王 迪 戴 路

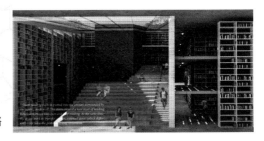

Fold the book——the design of library and more

指导教师点评

　　具有 50 多年历史的老图书馆、场地内的树木、大学校园里熙熙攘攘往来于场地的同学……这些都是在拿到此项名为"Library+"的设计题目时，同学们需要面对的客观条件；而将条件梳理清晰并创造出一个适宜的 Reading Place，则是他们的主要任务。

　　设置一个容放所有开架书目的连续大书架，是方案开始的初衷；如何避让场地上的树木，如何将原本大书架带来的 300 米的动线整合为适应场地、满足易达的空间，便成了一个蜿蜒蔓延于场地中的书-墙体系的理由；书墙与老馆的并置，导引了中介空间的产生，而最终基于界面、读书行为类型和交通空间系统的考虑，也就成为了最终深化空间和形体设计的原因。当然，如同康所提及的"想要读书，必须去寻找光。"因此，在空间架构形成之后，剖面、特别是屋顶的设计就成为了探讨空间中光线的机会。

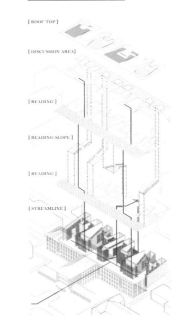

CIRCULATION & PARTITION

[ROOF TOP]

[DISCUSSION AREA]

[READING]

[READING SLOPE]

[READING]

[STREAMLINE]

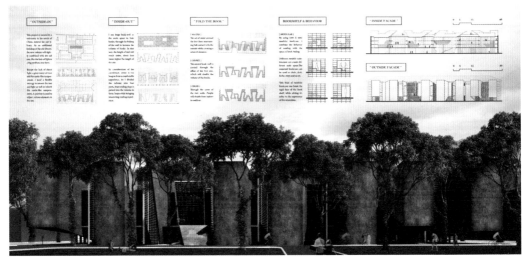

0   4   12   32

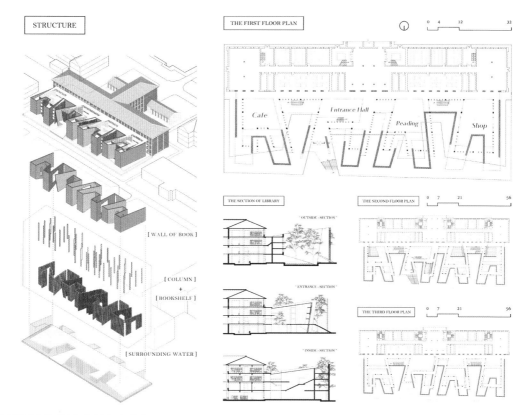

[WALL OF BOOK]

[COLUMN]
+
[BOOKSHELF]

[SURROUNDING WATER]

Cafe   Entrance Hall

Reading   Shop

THE SECTION OF LIBRARY

" OUTSIDE - SECTION "

THE SECOND FLOOR PLAN   0   7   21   56

" ENTRANCE - SECTION "

THE THIRD FLOOR PLAN   0   7   21   56

" INSIDE - SECTION "

" The expression form of the strategy, the polyline, create totally different temperament in outside and inside. In the outside, the new architecture inherit the ancient-castle-like temperament, showing fully respect to the site. In the inside, a library system which can fully combined reading space and collection space is created."

陈蕴怡

天津大学
建筑系三年级
指导教师：张昕楠 王 迪 戴 路

Room Forest 空间之森

指导教师点评

　　房间？空间？尺度！上述三个词语在陈蕴怡同学的设计过程中，始终是被不断质疑、讨论甚至是挑战的问题。设计的开始，来自于对卧室空间的解构，或者说是在基于具体行为活动需求方面，将房间拆解成更小尺度的部分，进而在水平和竖向层面对各部分重新组织。上述组织的部分，伴随了大量工作模型的制作，或者如黄声远老师在评图时所言"蕴怡同学的设计是有手感的操作，量体模型感觉珍贵而美丽。"组织的过程经历了感性控制、理性演绎以及最终的感性和理性相结合的三个阶段，最后呈现的结果在充分考虑了结构、共享模式、生活图景的条件下，达成了一种有着秩序背景之下的"混乱"，而这种混乱的本身也许就成了别人的安静。简而言之，这个方案所体现出的出其不意的"混乱"，实则是在体量、交通、结构、功能等问题被解决得很好之下的完成。

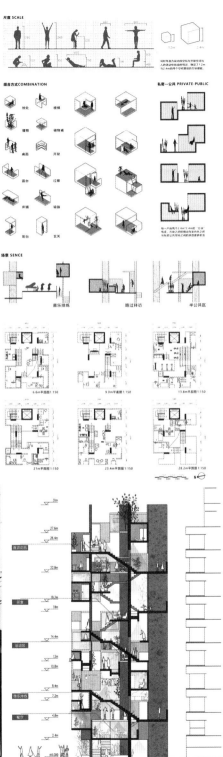

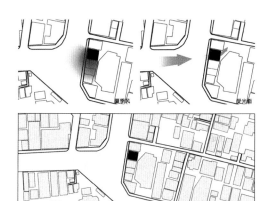

概念 CONCEPT

四面围合的房间将人禁锢在围合的空间内，在这个共享住宅方案中突破方方正正的房间的限制，有更多或大或小的尺度，更自由的空间形式。在突破限制同时，自由地连接私密空间与公共活动，室内空间与室外的自然。

方正的围合限制活动　　　　突破围合的限制　　　　更自由的空间形式

操作方式 OPERATION

将大房间尺度的"盒子"拆解开，以行为尺度（家具尺度）为单元，将原有的空间重新组织。除了满足基本需要外，还会出现可能看起来不合理但满足人探险与玩乐天性的空间。

房间　　　　　　　拆解　　　　　　　重组

15户住宅单元空间各不相同，所临近的公共区亦不同，有很强的特异性，适合不同性格与需求的人居住。没有明确的室内外空间的区分，内外空间自由地流动，同时也为人的室外活动提供了机会。另外，底部的区域开放给市民并有少量商业活动，而服务型空间安排在背光面东北侧。

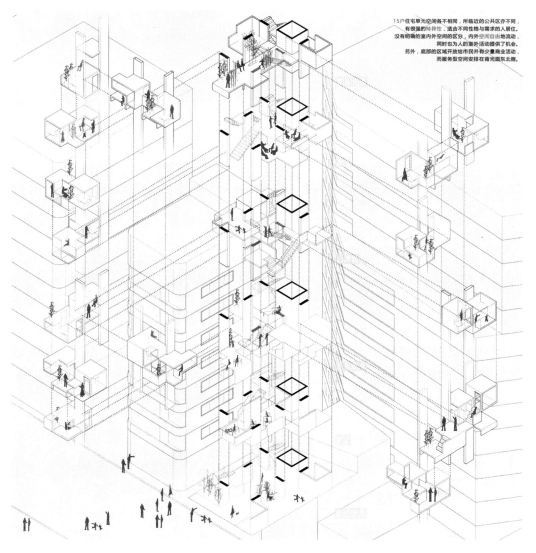

李佳枫

中国美术学院
建筑系二年级
指导教师：王 欣

传统文化语境下的建筑再思考

指导教师点评

　　《六瓣瓜国》是一个当代的"文人清玩"，是设计师的思考模型。玩具，是玩味的工具，是思维训练的中介物。期玩物以明志。

　　瓜，一言小，即掌中之物，造园可以随身。二言日常，随时的脑洞奇想。意在破除设计的正襟危坐如临大敌。

　　国，一言大，传统中国的洞天思想里，世界绝不止一个，世界是无数多样世界的并陈叠套总和。这是一个价值观的问题，没有真正意义上的微小。二言人的借代，坚持叙事，模山范水，坚持有关于人的意义的建构。

　　瓣分，言复杂性可以被分解，加法或减法、奥与旷，深与浅，黑与白……诗意可以拆分，诗意可以组构。

　　瓣分，亦言一种剖面视野的可能。瓜中国，一个纯内部的世界，一个藏得最深的世界。包藏之后需要乍泄，一瓣的剥离，即是两个世界的对视关口，是人好奇的洞观。

器玩对于设计意义的思考

　　柯布提出"住宅是居住的机器"，实用主义视之为箴言。然而往往过分忽视精神寄托对于居住者的需求。身处于传统文化和现代文明交融更迭的语境下，我们应该重新审视住宅对于居住者的意义。于是我们将目光锁定在了文人的器玩身上，文人是对于精神寄养最为渴求的群体。而器玩则为古人日常之物，书案上日日可见。如果说住宅可以安放文人的身躯，那么器物就是精神和诗意的寄托。通过极端的建筑意义重塑，我们试图寻找到中国本土建筑中的平衡。在实用性和功能性的基础上，勿忘建筑的诗性和精神寄养作用。

　　小器玩的设计，是微小的建筑母题，却可以成为中国本土建筑的映射，是诗意的一角。

取法器玩

　　"六瓣洞天"造型原型取法于清嘉庆年的象牙雕器玩，拟的是一个瓜形。瓜象牙器玩通过摊展式的机关开启，来完成两个形态的转换。开启前器形规整，瓜形态圆洞饱满，面饰薄意雕刻并赋彩。然而开启后，却剥露出了一个截然不同的空间形态。四角方亭戏台下熙熙攘攘地簇拥着仰首的观众，繁闹喧欢的场景仿佛一个与世隔绝的时空，隔断就是那一层手掌般蜷握着方亭的薄皮。

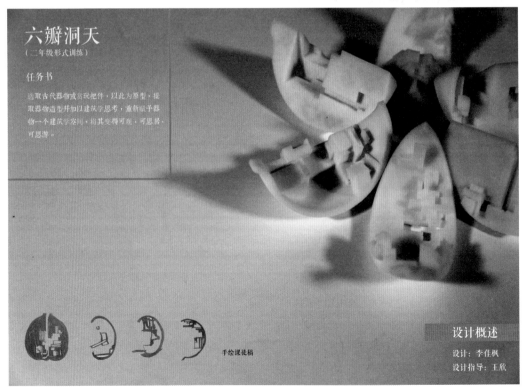

六瓣洞天
(二年级形式训练)

任务书

选取古代器物或赏玩把件，以此为原型，提取器物造型并加以建筑学思考，重新赋予器物一个建筑学空间，将其变得可观、可思居、可思游。

手绘课徒稿

设计概述

设计：李佳枫
设计指导：王欣

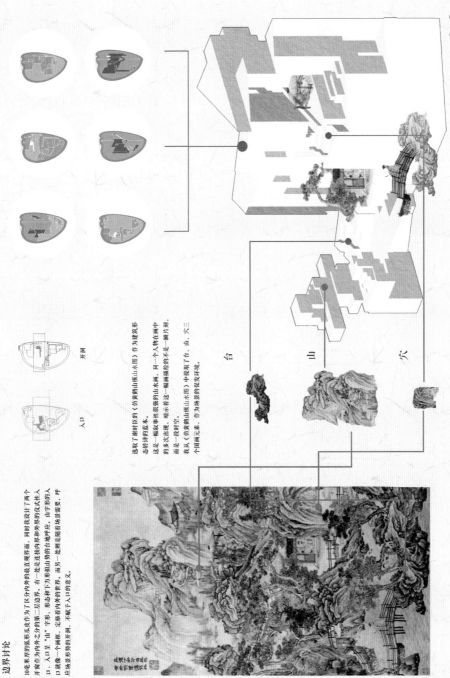

边界讨论

10毫米厚的泥皮作为几区分内外的最直观界面。同时我设计了两个开窗作为内外之分的第二层边界。有一处是连接内界和外界的仅次的人口。人口呈"山"字形，形态和不规则山势的台地呼应。山字形的人口就像一个画框，定格着内外的世界。而另一处则是阻留着场景需要。呼应场景形势得开洞，不敢于人口的意义。

选取了谢时臣的《仿黄鹤山樵山水图》作为建筑形态样例的蓝本。

这是一幅叙事性很强的山水画。同一个人物在画中的多次出现。暗示着这一幅画描绘的不是一瞬片刻。而是一段时空。

我从《仿黄鹤山樵山水图》中提取了台、山、穴三个空间元素。作为场景的发生环境。

台

山

穴

入口

开洞

设计详解

CHINA

2016 东南·建筑新人赛 BEST 16

刘博伦

东南大学
建筑系二年级
指导教师：朱 雷

玄武湖游船码头设计

指导教师点评

　　设计课题以"空间与场地"为主题，从坡地地形和景观环境入手，并突出流线进程和游览体验，以此强调建筑空间与场地及地形之间互动的设计方法。

　　该方案从两条相互并行并最终交叉的路径出发，分别应对水边的游走流线和上船流线，将对场地的理解和流线的组织有机地结合到一起，创造出曲直相映、动静相宜的空间体验。与此呼应，设计中具体探讨了场地、功能以及结构体系，最终表现为建筑形体的显现与隐藏、与地面关系的架空与嵌入，以及材料选择的轻重虚实，以简洁有力的方式发展出设计构思，回应了场地景观。

游览沿线片段

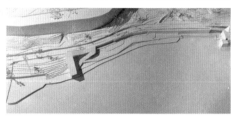

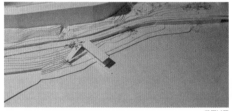

发展过程

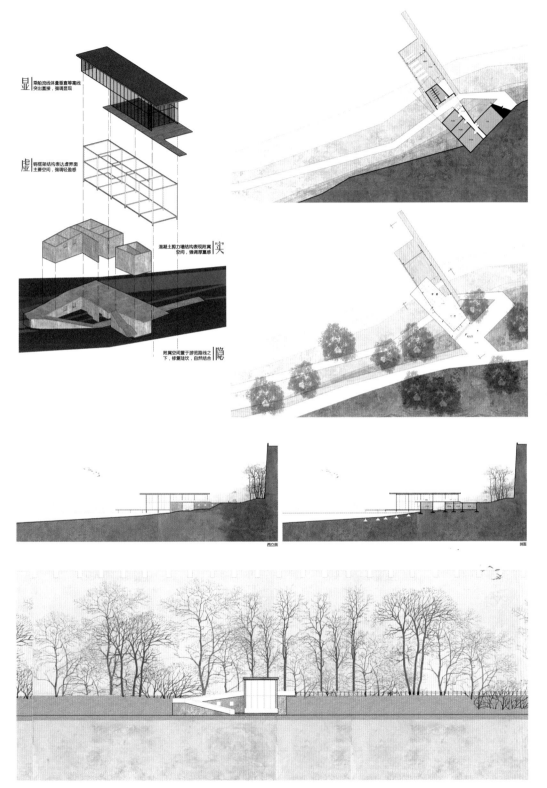

CHINA

2016 东南·建筑新人赛 BEST 16

丁雅周

天津大学
建筑系二年级
指导教师：胡一可 范思楠 谭立峰

校园咖啡书吧设计

指导教师点评

　　概念设定源于作者在场地中的独特体验，对狭窄空间的关注形成了核心的空间趣味。作者对此类空间的属性及分类通过空间原型进行探讨；并结合对校园咖啡书吧的愿景，设想了内部空间的活动及行为；最后，通过娴熟的空间操作手段将一系列的场景整合到较为纯净的体量中。设计的成功在于从真实体验出发设定明确的目标并进行类型化的研究，在空间组织之后对设计成果进行了有效验证。（胡一可）

　　该课题旨在训练学生通过对人行为的细致观察与敏锐研究，在既有校园环境中发现建筑的可能性，并运用恰当的建筑语言为现有场所与环境创造积极地机会。丁雅周同学的校园咖啡书吧设计，发现的恰是现在校园中被人遗忘的边角空间——老建筑与网球场围栏间的狭缝。人们借其穿行，却对这个空间心存排斥。方案将一个可被经过的咖啡书吧置于此，将消极的空间转为积极的场所，为人们穿越并停留提供理由。同时巧妙地利用狭缝空间的狭小尺度，以建筑空间影响人的动作，相遇、侧身、点头、寒暄，一系列行为在这种空间中自然发生，主动创造人与人交流、打破心理壁垒的机会。这种从空间中发现机会，用空间来影响人，并创造积极地生活场景的设计敏锐性是该方案最为难能可贵的闪光点。此外建筑语言处理清晰明确，且同既有建筑、环境植物都发生了有趣的互动，体现出很好的设计能力。（范思楠）

校园咖啡书吧设计｜二
DEISGN OF CAMPUS CAFE&BOOK BAR

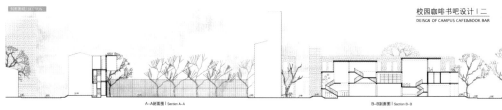

剖面图｜SECTION

A—A剖面图｜Section A-A　　　　B—B剖面图｜Section B-B

模型照片｜MODLE PHOTO

空间序列 I SEQUENCE

一层设两个入口，保持开敞，保持原有的通道功能。
Two entrances of the cafe remain open as to let people get through this alley.

光可以从连接错层的楼梯台阶间隙中透下。
Light will bath the ground through the clearance of the staircases.

二层设有书架供阅览，依靠墙壁设桌椅，可停留喝咖啡。
2nd floor provides space for customers to rest and read books or drink coffee.

通过窄道进入宽敞的平台，一边的矮墙上伸出树枝，有人在此喝咖啡闲聊。
Walk through this narrow passage, you will enter a wider platform, along which trees stick out of the low wall. You might encounter those who drink coffee under the tree.

三层的休闲空间主要围绕树组织。可在树下喝咖啡读书。
Main spaces revolve around the two of the trees. You could savour the scent of coffee and taste amid the nature.

墙体避开了校医务室的窗户，可以从窗户望见咖啡吧。
The wall of my cafe doesn't block the window of the clinic. People in the clinic can order a coffee or so from the window.

平面图纸 I PLAN

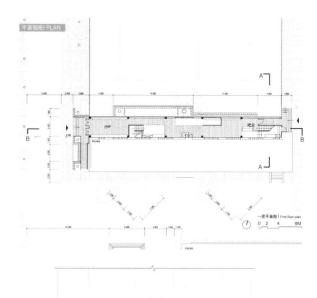

一层平面图 I First floor plan
0 2 4   8M

二层平面图 I Second floor plan
0 2 4   8M

三层平面图 I Third floor plan
0 2 4   8M

077

界面 I SURFACE

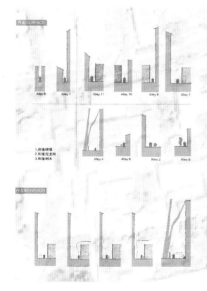

1.伸墙树枝
2.伸墙见龙门间
3.伸墙树木

行为 I BEHAVIOR

场地认知 I SITE SURVEY

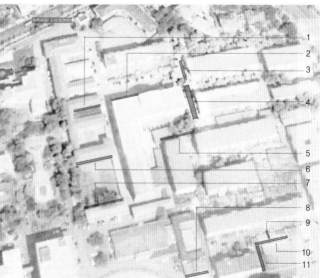

1
2
3
4
5
6
7
8
9
10
11

汪逸青

同济大学
建筑系一年级
指导教师：胡　滨

石间画家住宅

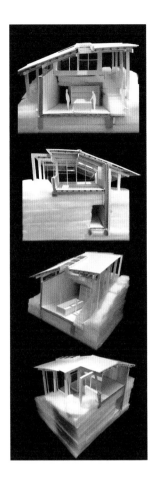

指导教师点评

　　设计以坡地上的一组石头为依据，将石头游离在室内、室外或之间，并以石头是室内地面、家具（画家工作台和展示）和室外自然场景三种不同姿态，建立了与身体的关联。通过石头，将设计的企图——空间与自然环境 In-Between 的关系，清晰地呈现了出来。

　　同时，设计利用坡地的特征，一方面，确立了建筑在自然的姿态——低卧、自北向南顺应坡地顺势而下；另一方面，充分利用坡地区分了三种不同生活的区域，并形成了三种不同的空间氛围和对外关系。但三种不同生活，又因为连续的屋顶和地面的连续性建立了相互之间的关联。

　　在设计中，屋顶也成了要素。通过屋顶的表现应对了场地东西两侧不同的状况：东侧面对静谧的自然环境，采用平顶形成了一个对外开敞的姿态，并将石头更多地"引入"室内；面对西侧游客较多的场景，从平顶转为坡顶，以坡顶压低空间，感觉坡顶似是从地面生长出来的状态。这样，一方面建立了与场地的关系，另一方面形成了对外封闭的姿态。

　　简而言之，设计在想象、体验、设计和建造的基本逻辑之间建立了密切的关联。

石间画家住宅
一年级·自然中栖息

CHINA

2016 东南·建筑新人赛 BEST 16

孙雯军

西安建筑科技大学
建筑系一年级
指导教师：王怡琼

从茶到室——清泉石上流

指导教师点评

　　孙雯军同学能够通过对龙井茶的品味和观察，以自身感受为出发点对茶室的情景进行设定，从而明确了"清泉石上流"的设计概念，希望将自己的茶室献给一对与世无争的知己。茶室设计从外部环境设计到内部空间氛围的营造都表现出了其对主题概念的理解，最终呈现出的是高山流水的境，曲水流觞的景，以及对饮笑谈的情。

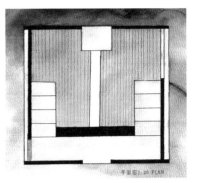

平面图1:20 PLAN

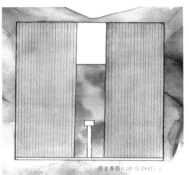

南立面图1:20 ELEVATION

从茶到室·龙井·设计
DESIGN OF TEA HOUSE · LONGJING GREEN TEA · DESIGN

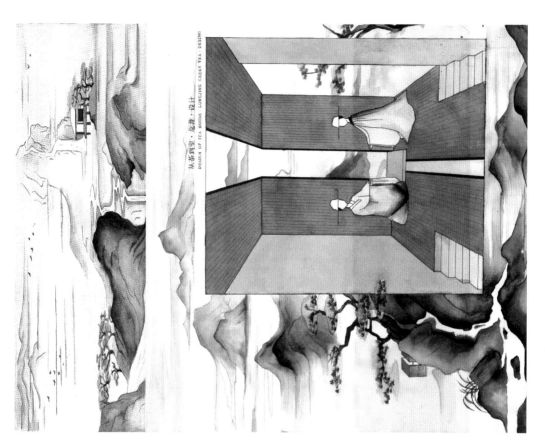

从茶到客·龙井·设计

DESIGN OF TEA HOUSE LONGJING GREEN TEA · DESIGN

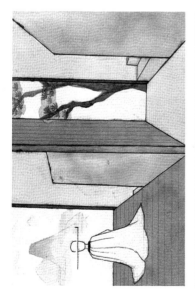 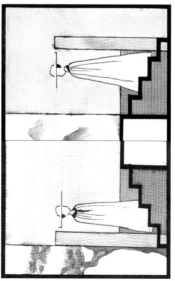 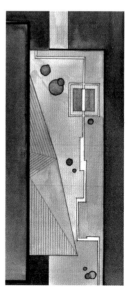

徐清清
苏州大学三年级

新苏州博物馆

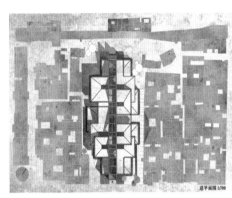

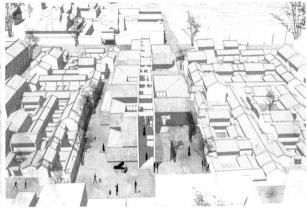

张礼陶
华中科技大学三年级

谦益农场禅修中心设计

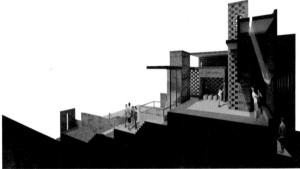

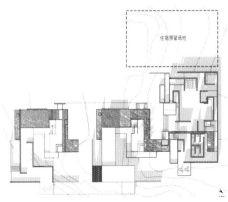

社区活动中心设计

爱情酒店设计

杨轶帆
天津大学三年级

垂直城市

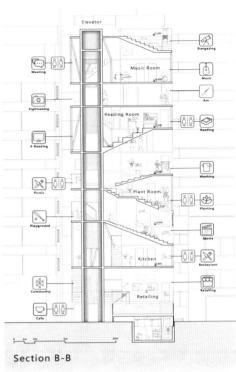

Section B-B

谢雨晴
重庆大学三年级

城市之上的村落

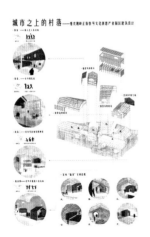

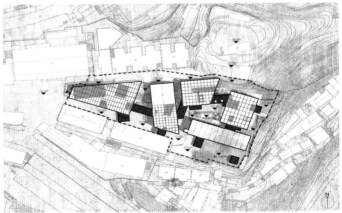

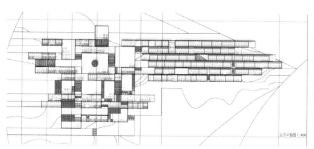

「拔地而起」

CHINA

2016 东南·建筑新人赛 BEST 100

汪曼颖
沈阳建筑大学三年级

山地旅馆设计

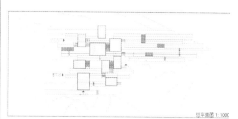

「拔地而起」

CHINA

2016 东南·建筑新人赛 BEST 100

宋婧璇
合肥工业大学三年级

茶·稻
——环巢湖旅游驿站设计

社区组合可能性

柴 宇
昆明理工大学三年级

旧城记忆（居住建筑单体设计）

功能空间的竖向策略

两座公寓之间形成生活综合体

小型社区比起大型社区更容易让人产生归属感与参与感

建筑内部构成一个小社区，中间形成街道，街道两边布置商店与健身休闲场所，引导人群聚集，形成一种内向型有凝聚力的社区

公寓户型
回迁户型
商业空间
休闲空间

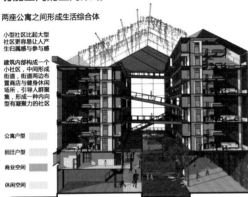

太阳高度分析

两栋公寓之间距离满足北面的二层采光

避免中庭灰空间受太阳直射

公共活动场所

露天平台
茶餐购物
健身运动

流线分析

常规流线
游览流线

内部的丰富流线与外部简洁的形式产生对比

工业的外壳下充满阳光，绿色与生活

薛 珂
重庆大学三年级

二厂文创园交流中心设计

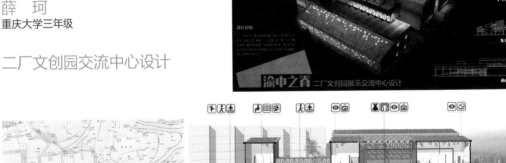

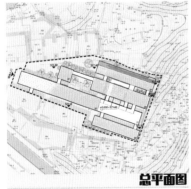

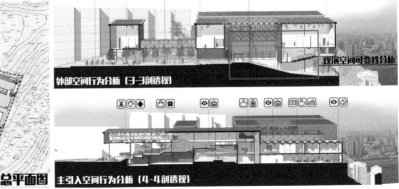

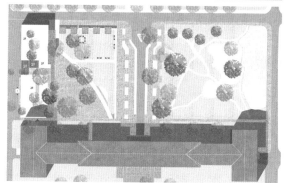

张 鹏
西安建筑科技大学三年级

仰 望
——十张照片的摄影博物馆

孙启祥
重庆大学三年级

创意产业园建筑设计

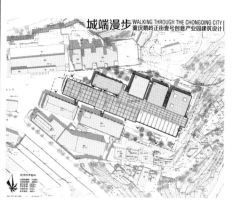

城端漫步 WALKING THROUGH THE CHONGQING CITY
重庆鹅岭正街壹号创意产业园建筑设计

刘　阳
沈阳建筑大学三年级

光之肆·风之谷

光之肆·风之谷
武夷山假日酒店设计　02

二层平面图 1:500

赵炜鹏
中国石油大学三年级

乡村留守儿童日间照料中心

总平面图 1:

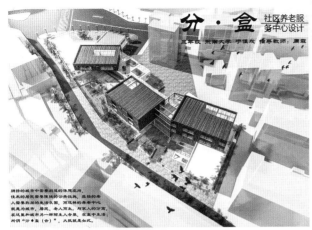

分·盒
社区养老服
务中心设计

三年级 东南大学 于佳欣 指导教师：萧蓝

[拔地而起]

CHINA
2016 东南·建筑新人赛 BEST 100

于佳欣
东南大学三年级

"分·盒"
——社区养老中心设计

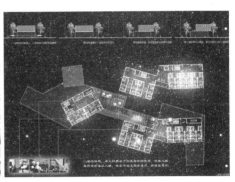

[拔地而起]

CHINA
2016 东南·建筑新人赛 BEST 100

刘 恬
湖南大学三年级

捷克城堡扩建设计

SITE PLAN 总平面图 1:700

A-A section

CHINA

「拔地而起。」

2016 东南·建筑新人赛 BEST 100

谈 鑫

西安建筑科技大学三年级

借眼观物
——十张照片的摄影博物馆

CHINA

「拔地而起。」

2016 东南·建筑新人赛 BEST 100

张琪岩

天津大学三年级

SHARE——BESIDE FOLDING WALLS

荥阳市青台村仰韶遗址博物馆设计

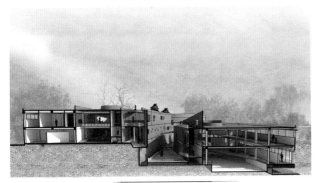

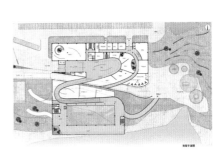

消逝的风景

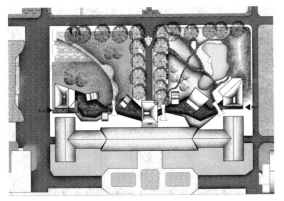

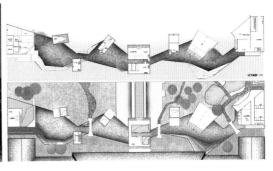

CHINA

2016 东南·建筑新人赛 BEST 100

林志宇
天津大学三年级

共享住宅设计

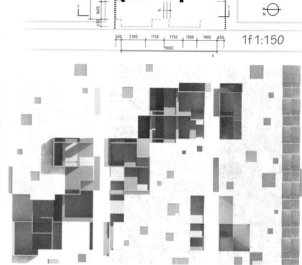

CHINA

2016 东南·建筑新人赛 BEST 100

董青青
清华大学三年级

ARTOPIA

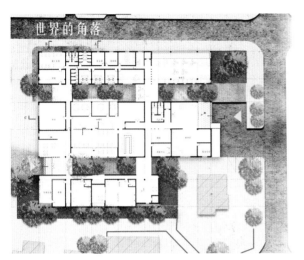

「拔地而起」

CHINA

2016 东南·建筑新人赛 BEST 100

李敏睿
天津大学三年级

世界的角落·城市旅馆设计

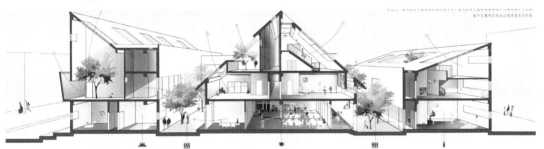

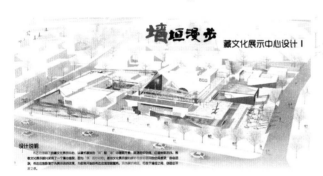

「拔地而起」

CHINA

2016 东南·建筑新人赛 BEST 100

耿一涵
重庆大学三年级

藏文化展示中心设计

刘浔风
天津大学三年级

历史街区城市特色旅馆

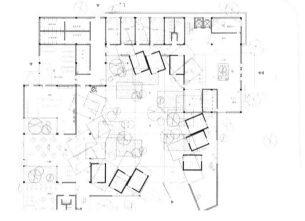

二层平面图　　1:300

马志强
湖南大学三年级

长沙丰泉古井社区图书馆设计

记忆　生
——街巷中的社区图书馆

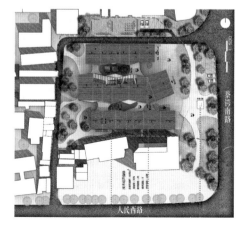

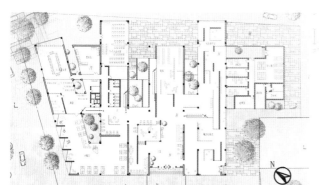

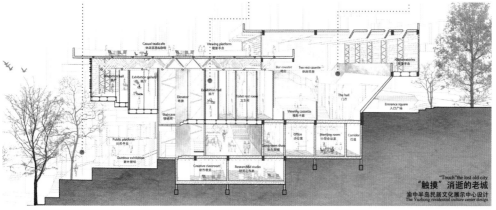

CHINA

「拔地而起。」

2016 东南·建筑新人赛 BEST 100

苏 程
武汉大学三年级

火花四溅的建筑系馆

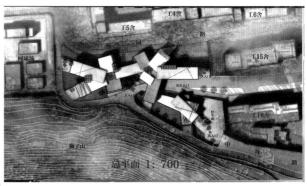

CHINA

「拔地而起。」

2016 东南·建筑新人赛 BEST 100

张效嘉
南通大学三年级

红海滩候鸟之家建筑设计

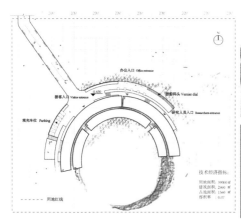

「拔地而起」

CHINA

2016 东南·建筑新人赛 BEST 100

苏辰光
西安建筑科技大学三年级

泾县厚岸村粮仓改扩建

「拔地而起」

CHINA

2016 东南·建筑新人赛 BEST 100

杨佳豪
河南理工大学三年级

框景城市 & 景框建筑

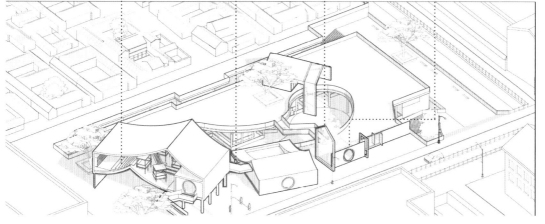

CHINA

「拔地而起。」

2016 东南·建筑新人赛 BEST 100

高 健

西安建筑科技大学三年级

十张照片的摄影博物馆

重点空间展示与基地鸟瞰

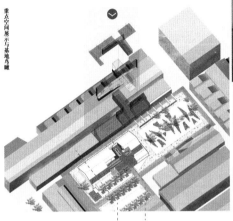

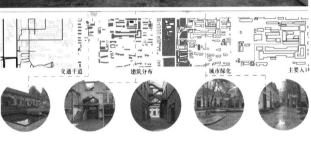

交通干道　建筑分布　城市绿化　主要入口

CHINA

「拔地而起。」

2016 东南·建筑新人赛 BEST 100

付 瑜

山东建筑大学三年级

城市边缘社区活动中心设计

城市边缘社区活动中心设计
THE CITY OF COMMUNITY·CENTRE DESIGN

[板地商铺]

CHINA

2016 东南·建筑新人赛 BEST 100

林培旭
天津大学三年级

八大山人作品展览馆设计

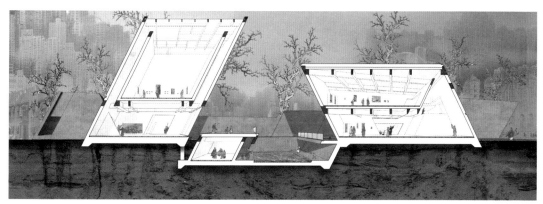

[板地商铺]

CHINA

2016 东南·建筑新人赛 BEST 100

温必福
广州大学三年级

社区商业中心设计

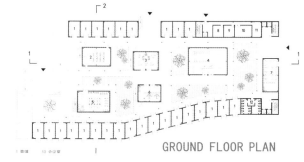

GROUND FLOOR PLAN

1 警卫室   10 会议室

CHINA
「拔地而起。」

2016 东南·建筑新人赛 BEST 100

韩雨浓
河北工业大学三年级

游岸观山·误入工园

游岸观山 · 误入工园

CHINA
「拔地而起。」

2016 东南·建筑新人赛 BEST 100

赵欣冉
西安建筑科技大学三年级

田畦间的故事

菜町间的家 CO-LIVING 跨代共居空间设计
Home in the Field Co-Living Cross Generational Residential Space Design

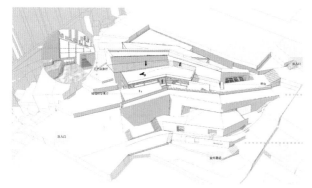

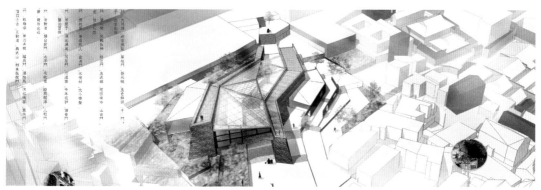

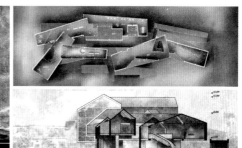

A-A剖面图 1:150

CHINA

「拔地而起。」

2016 东南·建筑新人赛 BEST 100

姚雨墨
西安建筑科技大学三年级

CO-LIVE-ING

CHINA

「拔地而起。」

2016 东南·建筑新人赛 BEST 100

张书羽
西安建筑科技大学三年级

秦腔地方艺术馆设计

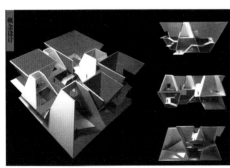

[拔地而起]　**CHINA**

2016 东南·建筑新人赛　BEST 100

徐怡然

合肥工业大学三年级

BLOWING IN THE WIND
——环湖旅游驿站设计

[拔地而起]　**CHINA**

2016 东南·建筑新人赛　BEST 100

罗卉卉

哈尔滨工业大学三年级

诗意复归
——城市环境群体空间组合设计

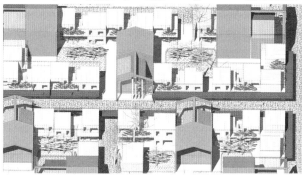

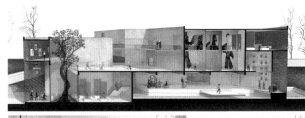

阳程帆
西安建筑科技大学三年级

观 影

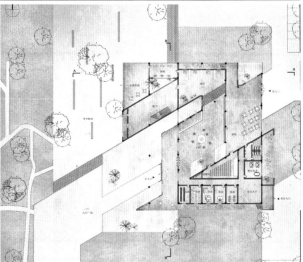

陆丰豪
大连理工大学三年级

I+O

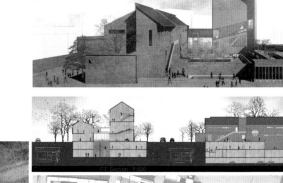

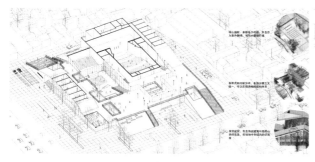

「按地所属」

CHINA

2016 东南·建筑新人赛 BEST 100

钮益斐
东南大学三年级

雨花路·曲艺中心

「按地所属」

CHINA

2016 东南·建筑新人赛 BEST 100

朱　祥
安徽建筑大学三年级

老屋新生
——厚岸村粮仓改造

老屋新生——厚岸村粮仓改造

厚岸村粮仓改造
一层平面图 1：450

CHINA

「拔地而起。」

2016 东南·建筑新人赛 BEST 100

杨一鸣
东南大学三年级

场所与氛围
——传统街区曲艺中心

可供市民和跑场演
员共同使用的排练室

排练室前平台，可看到整个
院子和不远处的夫子庙牌坊

员工入口

茶室前的平台，喝
茶者可以坐出来看戏

北侧休息厅，可看到
院子及室外跑场的活动

舞台卸货口

南侧休息厅平台，可看南湖河景

大剧场主入口

傻大巴游客下车点，大巴从
建筑背侧驶过，避免干扰行人

二层图书阅览室
三层市民活动

户外剧场的舞台，可
与小剧场结合使用

视屏沿街商业

活动室前平台，可站在
看小剧场，看院子里的热闹

户外剧场前的台阶和
平台，退台可围坐一圈

曲艺展览

游客服务

茶室入口

面向古艺廊道牌坊打开的
入口广场，吸引人们进入

CHINA

「拔地而起。」

2016 东南·建筑新人赛 BEST 100

邓艺涵
西安建筑科技大学二年级

廊中书院
——社区服务中心

合 院
——北院门小客栈设计

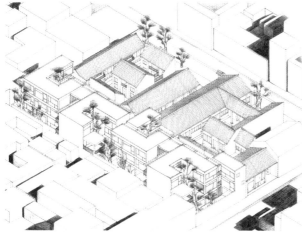

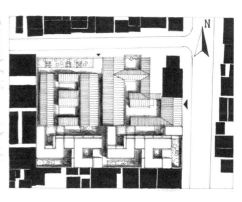

游 瓦
——北院门小客栈设计

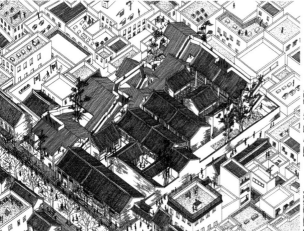

CHINA

2016 东南·建筑新人赛 BEST 100

「拔地而起。」

于海洋
合肥工业大学二年级

穿园遇友
——六班幼儿园设计

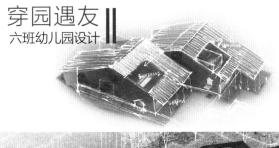

穿园遇友 ▋
六班幼儿园设计

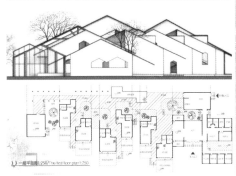

CHINA

2016 东南·建筑新人赛 BEST 100

「拔地而起。」

王志康
沈阳建筑大学二年级

造山运动

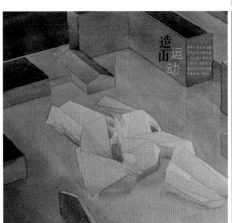

CHINA

2016 东南·建筑新人赛 BEST 100

高逸雯
重庆大学二年级

蒲公英小镇
——幼儿园设计

CHINA

2016 东南·建筑新人赛 BEST 100

胡寒阳
武汉大学二年级

水陆之间
——武汉东湖舟艇俱乐部设计

南立面图 South Elevation 1:420

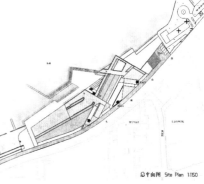

总平面图 Site Plan 1:150

破　水

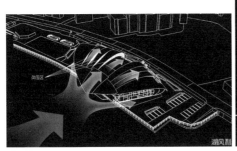

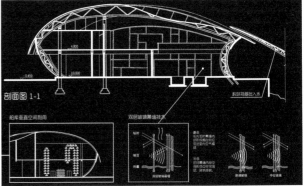

EVAPORATION
——照澜院建成环境再造设计

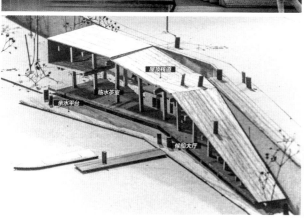

CHINA

2016 东南·建筑新人赛 BEST 100

戴文嘉
东南大学二年级

醉卧湖山
——玄武湖游船码头设计

CHINA

「拔地而起。」

2016 东南·建筑新人赛 BEST 100

刘 星
东南大学二年级

游船码头

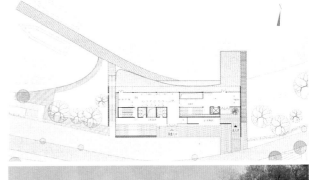

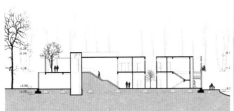

CHINA

「拔地而起。」

2016 东南·建筑新人赛 BEST 100

陈斯炫
华南理工大学二年级

十二班幼儿园设计

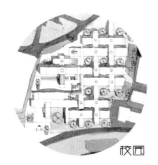

校园

年级

班级

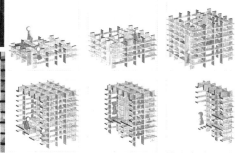

113

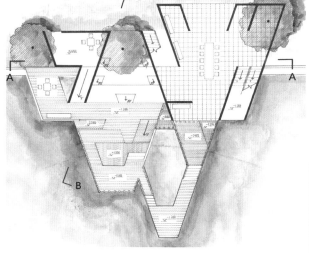

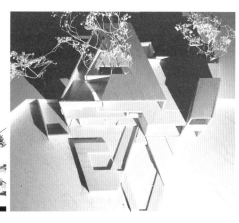

汪瑞洁
西安建筑科技大学一年级

早春的树

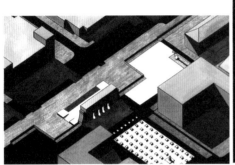

杨宇欣
东南大学一年级

盒·趣
——老虎桥社区活动中心设计

尹建伟
同济大学一年级

自然中栖居石之屋
——从石头中生长出来的住宅

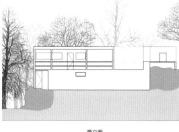

西立面

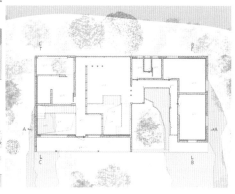

陈泽旭
东南大学一年级

梁·柱·墙的生长
——师生活动中心

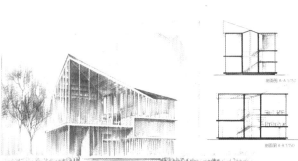
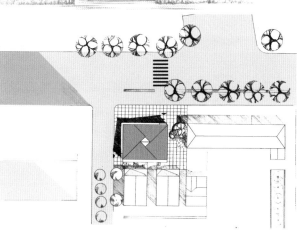
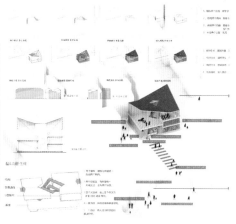

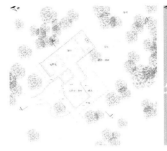
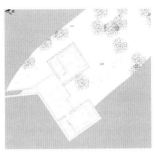

自然中的栖居

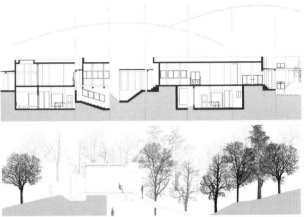

黄土境山水画廊

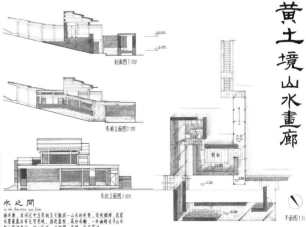

黄土境山水畫廊

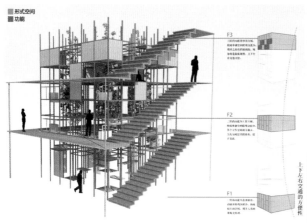

■ 形式空间
■ 功能

F3
F2
F1

叶家兴

华中科技大学一年级

"自然的建筑"逻辑生成形式

上下左右交通的方便性

■ 活动人群和场地功能

■ 概念生成：融于自然/树
■ 一棵树的空间启迪

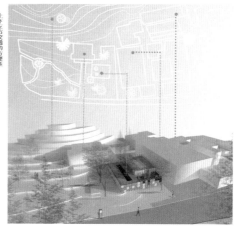

杨俊宸

天津大学三年级

莫迪利亚尼展览馆设计

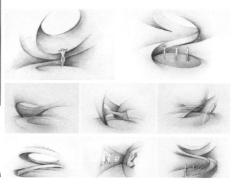

竞赛花絮
Titbits of Competition

东南·中国建筑新人赛
竞赛花絮 — 互动交流

CHINA
2016

东南·中国建筑新人赛
竞赛花絮 — 终辩现场

东南·中国建筑新人赛
"如果我是杨廷宝"

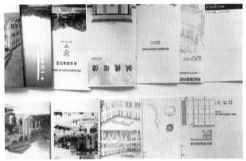

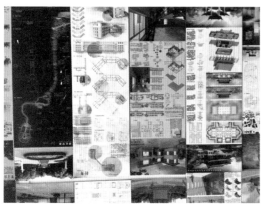

东南·中国建筑新人赛
宣传物 — 前期海报

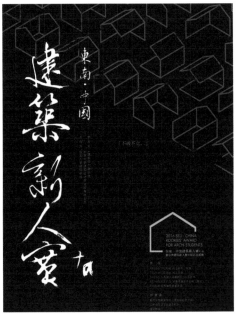

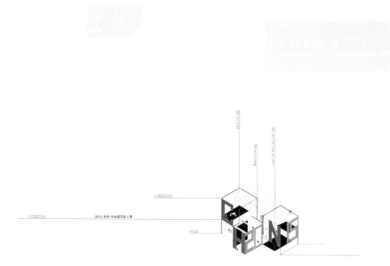

CHINA

2016

东南·中国建筑新人赛
纪念品 — 吉祥物小新

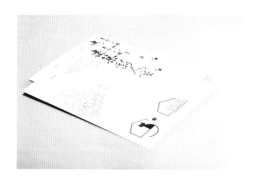

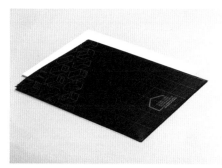

竞赛名录
Competition List

参赛者名录

A

安宇迪　天津大学

B

白宇清　清华大学
毕旭伟　安徽建筑大学
毕　莹　山东科技大学
边　磊　西安建筑科技大学
卜笑天　河北工业大学

C

蔡希鹏　南京工业大学
蔡盈宜　厦门大学
曹　健　安徽建筑大学
曹益伟　东南大学
曹宇锦　华中科技大学
曹云琥　南京工业大学
曹子健　同济大学
岑虹萱　华南理工大学
曾广佳　广东工业大学
曾兰淳　东南大学
曾庆健　沈阳建筑大学
柴　宇　昆明理工大学
常　明　西安建筑科技大学
常文雨　重庆大学
常雪石　烟台大学
车欣宴　昆明理工大学
陈博韬　华北水利水电大学
陈博文　哈尔滨工业大学
陈博文　西安建筑科技大学
陈　晨　西安建筑科技大学
陈　丹　中国石油大学
陈冬艳　河北工业大学
陈　飞　东南大学
陈嘉耕　哈尔滨工业大学
陈　坚　华南农业大学

陈泠蓓　重庆大学
陈柳珺　武汉大学
陈锘然　西安建筑科技大学
陈沛健　华南理工大学
陈佩谦　华南理工大学
陈鹏宇　重庆大学
陈青镟　西安建筑科技大学
陈仁涨　山东大学
陈瑞罡　中国石油大学
陈　睿　广州大学
陈斯炫　华南理工大学
陈文军　重庆大学
陈新宇　西安建筑科技大学
陈妍洁　合肥工业大学
陈　野　西安建筑科技大学
陈　晔　哈尔滨工业大学
陈逸轩　烟台大学
陈宇杰　武汉科技大学
陈宇静　苏州科技大学
陈宇龙　东南大学
陈昱锦　重庆大学
陈蕴怡　天津大学
陈泽灵　东南大学
陈泽旭　东南大学
陈子恩　华南理工大学
成皓瑜　山东建筑大学
程高洋　河南科技大学
程金峰　武汉大学
程　龙　安徽建筑大学
程翔翼　南昌大学
程子倩　东南大学
迟　铭　沈阳建筑大学
迟铄雯　中国矿业大学
丛逸宁　天津大学
崔可欣　大连理工大学
崔思宇　西安建筑科技大学

崔宇茉　河北工业大学

D

戴文嘉　东南大学
单诗涵　华南理工大学
邓宏远　安徽建筑大学
邓宁源　重庆大学
邓乔乔　清华大学
邓绍斌　华南理工大学
邓艺涵　西安建筑科技大学
邸　衍　东南大学
丁雅周　天津大学
丁妍卿　西安建筑科技大学
丁煜坤　西安建筑科技大学
董慧超　西安建筑科技大学
董青青　清华大学
董赛微　安徽建筑大学
董泽宇　西安建筑科技大学
董智勇　青岛理工大学
杜嘉希　清华大学
杜　梨　清华大学
杜少紫　东南大学
杜　一　中国美术学院
杜宜钊　河北工业大学
杜玥珲　哈尔滨工业大学
段炳好　四川大学
段仪嘉　东南大学

F

凡曾莲　安徽建筑大学
樊启航　武汉大学
樊泽坤　合肥工业大学
范旻昕　河北工业大学
范　勇　烟台大学
方　鹏　安徽建筑大学
方天宇　西安建筑科技大学

方煜昊	南京林业大学	
费　诚	东南大学	
冯　倩	西安建筑科技大学	
冯瑞清	西安建筑科技大学	
冯潇逸	青岛理工大学	
冯雨萌	天津大学	
付　瑶	山东建筑大学	
付　瑜	山东建筑大学	
付子慧	河北工业大学	
傅　尧	潍坊学院	

G

甘　琳	合肥工业大学
干　珏	西安建筑科技大学
高　健	西安建筑科技大学
高　金	重庆大学
高　君	西安理工大学
高　康	河北工业大学
高伟哲	西南交通大学
高秀干	重庆大学
高艺博	烟台大学
高亦超	东南大学
高逸雯	重庆大学
高元本	天津大学
高　悦	天津大学
高梓瑜	西安建筑科技大学
郜若辰	天津大学
葛婉蓉	安徽建筑大学
葛子彦	同济大学
耿一涵	重庆大学
耿瑀桐	河北工业大学
顾　鹏	河北工业大学
顾鹏程	天津大学
顾　汀	同济大学
关凯悦	西安建筑科技大学
管　畅	北京建筑大学
管　菲	东南大学
郭　岸	重庆大学

郭冰倩	西安建筑科技大学
郭佳琦	天津大学
郭晓晴	武汉大学
郭亚彪	昆明理工大学
郭一雯	西安建筑科技大学
郭怡全	沈阳建筑大学
郭毓婷	厦门大学
郭子萱	河北工业大学

H

韩佳秩	苏州科技大学
韩思呈	西安建筑科技大学
韩斯桁	湖南大学
韩咏淳	华南理工大学
韩雨浓	河北工业大学
韩　昱	天津大学
韩兆雄	河北工业大学
何　广	重庆大学
何侃轩	同济大学
何　琪	西安建筑科技大学
何　青	安徽建筑大学
何　威	天津大学
何韦萱	华南理工大学
何镟迪	华中科技大学
何振东	合肥工业大学
贺彬亮	华中科技大学
贺丽玮	山东建筑大学
贺　琰	西交利物浦大学
贺治达	西安建筑科技大学
赫纬元	中国矿业大学
洪　超	华南理工大学
洪哲远	合肥工业大学
侯丽蓉	长安大学
胡川吉	上海应用技术大学
胡　蝶	东南大学
胡寒阳	武汉大学
胡皓捷	南京大学
胡　杰	天津大学

胡乃榕	西安建筑科技大学
胡犧钰	重庆大学
胡　啸	南京艺术学院
胡阳芷	华南理工大学
胡　瑶	沈阳建筑大学
胡宇欣	浙江大学
华　影	重庆大学
黄国良	广东工业大学
黄家盈	同济大学
黄俊凯	北方工业大学
黄　康	西安建筑科技大学
黄丽妍	烟台大学
黄　玲	东南大学
黄　镕	湖南大学
黄　睿	天津大学
黄舒弈	同济大学
黄思睿	西安建筑科技大学
黄斯野	天津大学
黄婷婷	厦门大学
黄晓茵	合肥工业大学
黄　宇	厦门大学嘉庚学院
黄玉洁	四川大学锦城学院
黄裕章	中国矿业大学
黄　元	烟台大学
黄　辕	武汉理工大学
黄子睿	东南大学

J

姬雅楠	河北工业大学
籍梦玥	重庆大学
季啸白	东南大学
贾晨茜	西安建筑科技大学
贾　璐	安徽建筑大学
贾　薇	合肥工业大学
贾肖虎	武汉理工大学
贾滢滢	安徽建筑大学
简文强	合肥工业大学
江昊懋	清华大学

江雪维	重庆大学	黎晔	西安建筑科技大学	李政初	西安建筑科技大学
江宇薇	大连理工大学	李安红	武汉大学	李志权	河北工业大学
姜林成	华南理工大学	李东耘	东南大学	李智辉	武汉大学
姜智慧	烟台大学	李佳枫	中国美术学院	李姿默	重庆大学
蒋尘	天津大学	李家祥	安徽建筑大学	李子悦	沈阳建筑大学
蒋健	安徽建筑大学	李君喆	西安建筑科技大学	利梅熊	河南科技大学
蒋铭丽	东南大学	李俊良	重庆大学	栗琳	郑州大学
蒋一民	山东建筑大学	李郡尧	合肥工业大学	连绪	天津大学
焦晓鹏	苏州科技大学	李珂	南昌大学	梁栋楠	烟台大学
焦智恒	湖南大学	李斓捃	苏州大学	梁梦溪	大连理工大学
金杰	河北工业大学	李梁	烟台大学	梁荣森	河北工业大学
金孟杰	河南科技大学	李凌娜	山东建筑大学	梁淑贤	广东工业大学
金溟文	大连理工大学	李敏睿	天津大学	梁依依	天津城建大学
金宁园	河北工业大学	李明皓	河北建筑工程学院	梁又	沈阳建筑大学
金石	天津大学	李铭宇	华南理工大学	梁月	河北工业大学
金洲慧	西安建筑科技大学	李木子	南昌大学	廖明熠	福建工程学院
靳煦婷	合肥工业大学	李佩佳	昆明理工大学	廖宜莉	安徽建筑大学
经宇澄	中国美术学院	李琦芳	同济大学	廖好茜	西安建筑科技大学
景旭	华南理工大学	李启滩	北京建筑大学	林俊杰	广东工业大学
柏樱	同济大学	李巧	华南理工大学	林培旭	天津大学
柏韵树	东南大学	李若昊	西安建筑科技大学	林瑞翔	西安建筑科技大学
鞠啸峰	重庆大学	李淑琪	东南大学	林思俊	华南理工大学
		李思涵	大连理工大学	林斯媛	合肥工业大学
		李婉莹	西安建筑科技大学	林堂明	福州大学
K		李旺斌	安徽建筑大学	林涛	天津大学
康博超	河北工业大学	李为可	哈尔滨工业大学	林文涵	重庆大学
亢怡雪	西安建筑科技大学	李逍珩	西安建筑科技大学	林宣成	西安建筑科技大学
亢颖	华中科技大学	李鑫漪	西安建筑科技大学	林逸风	华南理工大学
柯兰晶	华侨大学	李星	山东建筑大学	林志航	华南理工大学
孔锦权	西安建筑科技大学	李星皓	西安建筑科技大学	刘冰鉴	重庆大学
孔圣丹	南京工业大学	李轩	西安建筑科技大学	刘博伦	东南大学
孔维成	青岛理工大学	李彦博	华南理工大学	刘叉叉	华东交通大学
孔雨藤	山东建筑大学	李怡恬	清华大学	刘昌铭	东南大学
		李艺书	湖南大学	刘畅	南京大学
L		李艺镟	天津大学	刘超成	南京工业大学
赖赖	东南大学	李雨桐	天津大学	刘初静	山东建筑大学
雷康迪	重庆大学	李昱村	重庆大学	刘存理	重庆大学
雷昇	昆明理工大学	李钰	山东科技大学	刘涵	重庆大学
雷宗睿	西安建筑科技大学				

刘寒露	西安建筑科技大学	刘政煜	西安建筑科技大学	毛升辉	天津大学
刘 豪	重庆大学	刘芷毓	天津大学	茆 羽	东南大学
刘浩楠	沈阳建筑大学	龙云飞	天津大学	茅子然	同济大学
刘佳颉	同济大学	娄雅欣	四川美术学院	莫钫维	重庆大学
刘嘉祺	烟台大学	楼忻奕	华南理工大学	莫 骥	西安建筑科技大学
刘孟荀	长安大学	卢新月	西安建筑科技大学		
刘沐鑫	沈阳建筑大学	卢镛汀	华南理工大学	N	
刘 鹏	济南大学	鲁昊霏	同济大学	聂大为	大连理工大学
刘士喆	河北工业大学	陆丰豪	大连理工大学	聂克谋	湖南大学
刘思文	重庆大学	陆熠兰	西安建筑科技大学	聂雨馨	中国石油大学
刘斯睿	四川大学锦城学院	陆 垠	南京工业大学	聂则菲	华南理工大学
刘天宇	东南大学	陆雨萌	重庆大学	宁 刚	大连理工大学
刘 恬	湖南大学	陆雨婷	湖南大学	宁和祥	西安建筑科技大学
刘文蔚	西安建筑科技大学	罗卉卉	哈尔滨工业大学	宁柯這	西南交通大学
刘笑尘	大连理工大学	罗 佳	西安建筑科技大学	宁婉辰	西安建筑科技大学
刘馨卉	合肥工业大学	罗珺琳	天津大学	牛育伟	河北工业大学
刘 星	东南大学	罗通强	重庆大学	牛子聪	河南科技大学
刘 星	河北工业大学	罗一华	重庆大学	钮益斐	东南大学
刘浔风	天津大学	罗宇莉	山东建筑大学		
刘雅冰	河北工业大学	骆一飞	西安建筑科技大学	O	
刘妍捷	天津大学	吕林枫	哈尔滨工业大学	欧哲宏	西安建筑科技大学
刘 阳	沈阳建筑大学	吕林声	烟台大学		
刘 洋	沈阳建筑大学	吕伟杰	河北工业大学	P	
刘一凡	西安建筑科技大学	吕育慧	西安建筑科技大学	潘昌伟	东南大学
刘一雄	东南大学			潘荣起	青岛理工大学
刘 艺	东南大学	M		潘 天	重庆大学
刘翌阳	西安建筑科技大学	马金格	天津大学	潘一峰	西南交通大学
刘 吟	西安建筑科技大学	马俊达	河北工业大学	潘裕铭	华侨大学
刘影竹	东南大学	马 玲	河南科技大学	庞子锐	华中科技大学
刘宇珩	天津大学	马思齐	西安建筑科技大学	彭 瑾	武汉大学
刘宇昕	安徽师范大学	马苏娅	合肥工业大学		
刘雨乔	华南理工大学	马晓然	同济大学	Q	
刘玉飞	烟台大学	马新宇	山东建筑大学	齐佳玮	天津大学
刘聿奇	西安建筑科技大学	马志骏	东南大学	齐俊哲	山东建筑大学
刘郁川	合肥学院	马志强	湖南大学	齐宇翔	郑州大学
刘韵卓	哈尔滨工业大学	马梓乔	沈阳建筑大学	齐卓旭	西安建筑科技大学
刘振睿	安徽建筑大学	毛瀚章	西安建筑科技大学	祁 晗	福州大学至诚学院
刘征涛	西南交通人学	毛姜静	同济大学	钱慧婷	东南大学

钱 雾	华中科技大学	宋雅楠	重庆大学	唐睿文	天津大学
乔 博	长安大学	宋宇宁	南京大学	唐晟黎	河北工业大学
秦 欢	西安建筑科技大学	宋子玉	天津大学	唐源鸿	天津大学
秦思博	哈尔滨工业大学	苏辰光	安徽建筑大学	陶佳黄	河北工业大学
秦志宇	青岛理工大学	苏 程	武汉大学	陶梦烛	东南大学
曲明航	大连理工大学	苏梦琦	天津大学	陶秋烨	西安建筑科技大学
		苏田雨	烟台大学	田 川	烟台大学
R		苏章娜	华南理工大学	田 鸽	重庆大学
冉 旭	东南大学	孙楚寒	湖南大学	田皓元	华南理工大学
冉紫愚	清华大学	孙 锋	南通大学	田 萌	苏州大学
让继军	汉口学院	孙 鸽	西安建筑科技大学	田润稼	哈尔滨工业大学
任广为	东南大学	孙海婷	西安建筑科技大学	田 媛	北京交通大学
任嘉豪	大连理工大学	孙昊楠	西安建筑科技大学	田载阳	西安建筑科技大学
任世君	天津大学	孙浩桐	湖南大学	佟 帅	同济大学
任晓涵	同济大学	孙 康	郑州大学	涂婧雅	湖南大学
荣 心	烟台大学	孙克新	合肥工业大学	涂梦奇	河北工业大学
茹冰倩	安徽建筑大学	孙 锟	重庆大学		
		孙铭崧	天津大学	**W**	
S		孙启祥	重庆大学	完颜尚文	南京大学
邵舒怡	东南大学	孙雯军	西安建筑科技大学	汪曼颖	沈阳建筑大学
邵译萱	重庆大学	孙 犠	重庆大学	汪瑞洁	西安建筑科技大学
沈 瑞	安徽建筑大学	孙犠梦	郑州大学	汪若犠	天津大学
沈 潇	苏州科技大学	孙雅鑫	烟台大学	汪逸青	同济大学
沈 旭	西南大学	孙一伦	深圳大学	王春晖	苏州科技大学
沈一琛	清华大学	孙怡铖	厦门大学	王大智	烟台大学
沈治祥	重庆大学	孙 瑜	山东建筑大学	王丹燕	同济大学
盛 烜	宁波大学科技学院	孙宇珊	湖南大学	王鼎禄	清华大学
师语璠	哈尔滨工业大学	孙 正	大连理工大学	王飞雪	河北工业大学
施惠文	东南大学			王昊龙	东南大学
石晶君	烟台大学			王 赫	华侨大学
石 镟	黄河科技学院	**T**		王珈瑶	重庆大学
石伊萱	南京工业大学	谈 鑫	西安建筑科技大学	王家鑫	山东建筑大学
舒慧茹	重庆大学	谭熹玥	重庆大学	王 菁	重庆大学
舒琨狄	西安建筑科技大学	汤钧涵	烟台大学	王竟伊	天津大学
宋 晶	天津大学	汤贤豪	重庆大学	王楷文	同济大学
宋婧璇	合肥工业大学	汤艳妮	重庆大学	王嫘琦	西安建筑科技大学
宋璐琦	同济大学	汤宇婷	三江学院	王莉月	安徽师范大学
宋梦梅	东南大学	唐露嘉	重庆大学	王琳晰	东南大学
		唐其桢	清华大学		

王梦雪	大连理工大学	吴佳倩	东南大学	邢晔	哈尔滨工业大学
王沐霖	河北工业大学	吴婧彬	天津大学	邢雨镟	安徽建筑大学
王宁	郑州大学	吴其聪	华南理工大学	熊健	山东建筑大学
王鹏程	烟台大学	吴若愚	大连理工大学	熊利梅	河南科技大学
王鹏飞	浙江农林大学	吴尚瑄	河北工业大学	熊旎颖	中国石油大学
王沁雪	北京建筑大学	吴韶集	天津大学	熊依晴	南昌大学
王睿	安徽建筑大学	吴绍平	天津大学	熊雨心	哈尔滨工业大学
王士琳	安徽建筑大学	吴嗣铭	华南理工大学	徐豪	天津大学
王姝月	清华大学	吴素素	烟台大学	徐鹏	武汉大学
王思雨	天津大学	吴逸欣	华南理工大学	徐升	华侨大学
王苇	苏州科技大学	吴余馨	东南大学	徐姝蕾	同济大学
王熙格	西安建筑科技大学	吴则希	东南大学	徐文丰	安徽建筑大学
王犧妍	西安建筑科技大学	吴承柔	东南大学	徐文欣	南京工业大学
王晓飞	北方工业大学	伍婉玲	西安建筑科技大学	徐一绮	东南大学
王心慧	山东建筑大学	武景岳	西安建筑科技大学	徐怡然	合肥工业大学
王新杰	天津大学			徐紫阳	天津大学
王鑫萍	重庆大学	X		许家铖	河北工业大学
王秀梅	南京大学	夏金鸽	合肥工业大学	许娟	合肥工业大学
王旭	天津大学	夏晔	哈尔滨工业大学	许荣和	科信学院
王雪霏	烟台大学	夏雨妍	清华大学	许诗曼	天津大学
王亚迪	重庆大学	先楠	天津大学	薛加偉	华南理工大学
王彦迪	华中科技大学	冼秋宇	华南农业大学	薛靖裕	西安建筑科技大学
王杨浩然	哈尔滨工业大学	肖宏伟	西安建筑科技大学	薛珂	重庆大学
王耀萱	东南大学	肖佳蓉	同济大学	薛诗睿	西安建筑科技大学
王依镟	西安建筑科技大学	肖天意	重庆大学		
王逸凡	西安建筑科技大学	肖威	西安建筑科技大学	Y	
王与纯	合肥工业大学	肖艺霏	西安建筑科技大学	闫聪然	西安建筑科技大学
王雨晨	天津大学	肖宇	同济大学	闫薇	河北工业大学
王韵沁	重庆大学	肖雨欣	西安建筑科技大学	闫岩	沈阳建筑大学
王志康	沈阳建筑大学	肖云华	西安建筑科技大学	严小虎	东南大学
王子恒	西安建筑科技大学	小新	东南大学	燕钊	天津大学
韦斯蓉	西安建筑科技大学	谢光源	华南理工大学	阳程帆	西安建筑科技大学
韦涛	西安建筑科技大学	谢辉	河北工业大学	杨斌	西安建筑科技大学
魏婉晴	大连理工大学	谢嘉荷	南昌大学	杨宸	东南大学
温必福	广州大学	谢祺铮	东南大学	杨晨	华侨大学
瓮宇	北方工业大学	谢欣怡	重庆大学	杨迪	西安建筑科技大学
邬曹闽	南昌大学	谢予宸	东南大学	杨帆	东南大学
吴荻	广东工业大学	谢雨晴	重庆大学	杨佳豪	河南理工大学

杨　静	西安建筑科技大学
杨俊斌	长安大学
杨俊宸	天津大学
杨　琨	西安建筑科技大学
杨　眉	同济大学
杨梦姣	西安建筑科技大学
杨培锋	广东工业大学
杨　琪	华侨大学
杨　晴	天津大学
杨森琪	重庆大学
杨淑妍	华南理工大学
杨昕钰	苏州科技大学
杨新越	西安建筑科技大学
杨　洋	郑州大学
杨一鸣	东南大学
杨艺瑶	中国矿业大学
杨轶帆	天津大学
杨宇欣	东南大学
杨喆雨	大连理工大学
杨中楠	大连理工大学
杨子纯	天津城建大学
姚冠杰	同济大学
姚　汉	重庆大学
姚俊伟	华南理工大学
姚雨墨	西安建筑科技大学
姚子琪	南京工业大学
叶珩羽	天津大学
叶家达	上海大学
叶家兴	华中科技大学
叶　磊	华南理工大学
叶　昕	重庆大学
叶珍光	重庆大学
尹建伟	同济大学
应晓亮	合肥工业大学
尤晓慧	清华大学
游奕琦	北方工业大学
于　舸	沈阳建筑大学
于海洋	合肥工业大学
于佳欣	东南大学
余　帆	西安建筑科技大学
余孟镟	华中科技大学
余小艺	郑州大学
雨　心	南京大学
袁美伦	合肥工业大学
袁莫涵	东南大学
袁松洲	深圳大学
袁　也	广东工业大学
袁怡宁	武汉大学
苑凌旗	合肥工业大学

Z

臧　哲	烟台大学
翟德威	重庆大学
翟　珂	长安大学
翟　盈	东南大学
张道正	西安建筑科技大学
张　荻	河北工业大学
张　涵	东南大学
张昊冉	武汉理工大学
张皓博	东南大学
张佳璐	西安建筑科技大学
张佳源	沈阳建筑大学
张瑾慧	西安建筑科技大学
张　静	合肥工业大学
张　筠	厦门大学
张礼陶	华中科技大学
张　露	天津大学
张蒙妤	武汉大学
张梦圆	苏州科技学院
张乃文	烟台大学
张　柠	重庆大学
张　鹏	西安建筑科技大学
张萍萍	同济大学
张琪岩	天津大学
张秋砚	西安建筑科技大学
张润阳	安徽建筑大学
张邵雪	西安建筑科技大学
张书羽	西安建筑科技大学
张　涛	烟台大学
张　涛	天津大学
张天骄	河北工业大学
张廷昊	重庆大学
张　彤	河北工业大学
张菀书	华南理工大学
张伟亚	河北工业大学
张文豪	华南理工大学
张潇涵	东南大学
张小婕	安徽建筑大学
张晓磊	天津城建大学
张晓旭	天津大学
张晓雅	同济大学
张筱倩	山东建筑大学
张效嘉	南通大学
张昕萌	清华大学
张雪旸	河北工业大学
张雅楠	东南大学
张雅轩	哈尔滨工业大学
张颜璐	西安建筑科技大学
张一凡	西安建筑科技大学
张译心	东北林业大学
张　奕	湖南城市学院
张　毅	安徽建筑大学
张懿文	西安建筑科技大学
张宇昂	西安建筑科技大学
张宇航	河北工业大学
张宇蕾	郑州大学
张雨星	昆明理工大学
张玉倩	烟台大学
张钰锰	西安建筑科技大学
张煜嘉	西安建筑科技大学
张　园	清华大学
张媛媛	青岛理工大学
张振鹏	哈尔滨工业大学
赵谷橙	河北工业大学

赵含笑	大连理工大学	周荣敏	厦门大学
赵　浩	西安建筑科技大学	周雪梅	沈阳建筑大学
赵　虎	北京林业大学	周怡然	河北工业大学
赵婧柔	天津大学	周振宇	天津大学
赵　磊	重庆大学	周至逸	华中科技大学
赵　南	西安建筑科技大学	周子涵	河北工业大学
赵　双	重庆大学	朱安然	合肥工业大学
赵琬晶	西安建筑科技大学	朱炳哲	天津大学
赵炜鹏	中国石油大学	朱瀚森	天津大学
赵夏瑀	天津大学	朱浚涵	建筑城规学院
赵欣冉	西安建筑科技大学	朱雷蕾	华中科技大学
赵闫琦	西安建筑科技大学	朱力辰	东南大学
赵一泽	厦门大学	朱鸣洲	昆明理工大学
赵逸白	西安建筑科技大学	朱思谕	华南理工大学
赵苑辰	西安建筑科技大学	朱天明	山东建筑大学
赵正阳	重庆大学	朱　祥	安徽建筑大学
赵梓晔	合肥工业大学	朱逸文	河北工业大学
照　里	西安建筑科技大学	朱瑜瑶	西安建筑科技大学
郑浩聪	华南理工大学	朱子超	天津大学
郑　静	厦门大学	朱子媛	大连理工大学
郑　赛	郑州大学	庄铭予	同济大学
郑琬琳	天津大学	庄惟仁	重庆大学
郑奕昕	河北工业大学	卓　子	重庆大学
郑芷欣	天津大学	邹竞夫	同济大学
郑中慧	河北工业大学	邹晓薇	天津大学
智东怡	哈尔滨工业大学	邹　雪	青岛理工大学
钟艺灵	西安建筑科技大学		
钟　毅	华中科技大学		
钟泽彩	广东工业大学		
钟　哲	西安建筑科技大学		
仲　欣	中国矿业大学		
仲　玥	东南大学		
周　昊	西安建筑科技大学		
周　婕	天津大学		
周凯喻	西安建筑科技大学		
周凯怡	东南大学		
周乐宁	重庆大学		
周绮文	重庆大学		

初赛评委名单

北京建筑大学	合肥工业大学	西安建筑科技大学
马 英	苏继会	李 昊
欧阳文	苏剑鸣	李志民
金秋野	郑先友	李岳岩
李春青	叶 鹏	李军环
吉少雯	刘 阳	穆 钧
王 韬		
刘 烨	华南理工大学	昆明理工大学
	肖毅强	杨 毅
	刘宇波	翟 辉
东南大学	王国光	杨大禹
龚 恺	李 晋	华 峰
单 踊	杜宏武	李丽萍
刘 捷		
鲍 莉		
唐 芃	深圳大学	中央美术学院
夏 兵	杨镇源	吕品晶
屠苏南	朱宏宇	程启明
王海宁	王浩锋	周宇舫
张 嵩	陈佳伟	王小红
孙世界		丁 圆
石 邢	天津大学	虞大鹏
焦 键	袁逸倩	李 琳
李 飚	荆子洋	
朱 渊	许 蓁	重庆大学
张 彧	赵建波	邓蜀阳
	郑 颖	龙 灏
	杨 崴	褚冬竹
哈尔滨工业大学	王志刚	阎 波
孙 澄	张昕楠	王 琦
韩衍军		刘彦君
邵 郁		
周立军		
吴健梅		

组委会名录

总负责：　唐　芃

成　员：　韩冬青　　葛爱荣　　孙世界　　葛　明　　鲍　莉　　唐　芃　　张　彧　　张　嵩
　　　　　殷　铭　　张　敏

志愿者名录

总组长：　　庞志宇

副总组长：　潘昌伟

外联组：

王怡鹤（组长）　　雷一鸣　　谢珑璁　　刘　璇　　马志骏　　李　鑫

网络组：

陈宇龙（组长）　　杨宇欣　　张雅楠　　简海睿　　费　诚　　郑　姵

会场组：

谢华华（组长）　　杨凌霄　　张　涵　　张柏洲　　程俊杰　　高居堂　　刘丰豪　　李艳妮
黄子睿

宣传组：

张皓博（组长）　　陈　晔　　王智康　　吴则西　　邵舒怡

采访组：

管　菲（组长）　　高　嫒　　刘　星　　周梦筝　　马诗雨　　邱一诺　　陶梦烛

致　谢

■ 主办单位：

东南大学建筑学院

东南大学建筑设计研究院有限公司

■ 协办媒体：

《建筑师》杂志

■ 在线竞赛平台：

AKIACT

■ 纪念品赞助：

wonderworks

■ 官方微信平台：

内容提要

2016东南·中国建筑新人赛于盛夏在东南大学如期举办。本书呈现了此届赛事评选出的精彩作品，这些作品并非参赛选手为赛事所特意准备，而是各院校建筑专业一至三年级学生在建筑设计基础知识学习过程中的设计课作业，反映出各院校建筑课程教学的方向和特点，同时也展示了建筑新人的特色创意和精彩表现。本书可供建筑专业及其他艺术设计领域师生阅读参考。

图书在版编目（CIP）数据

2016东南·中国建筑新人赛 / 唐芃主编 . —南京：东南大学出版社，2017.8
ISBN 978-7-5641-7345-6

Ⅰ.①2… Ⅱ.①唐… Ⅲ.①建筑设计 – 作品集 – 中国 – 现代 Ⅳ.①TU206

中国版本图书馆 CIP 数据核字（2017）第 187412 号

2016 东南·中国建筑新人赛

出版发行：东南大学出版社
出 版 人：江建中
策划编辑：戴　丽
责任编辑：姜　来　朱震霞
社　　址：南京市四牌楼 2 号　邮编：210096
网　　址：http://www.seupress.com
电子邮箱：press@seupress.com
经　　销：全国各地新华书店
印　　刷：上海利丰雅高印刷有限公司
开　　本：700mm×1000mm　1/16
印　　张：9.25
字　　数：190 千字
版　　次：2017 年 8 月第 1 版
印　　次：2017 年 8 月第 1 次印刷
书　　号：ISBN 978-7-5641-7345-6
定　　价：53.00 元

本社图书若有印装质量问题，请直接与营销部联系。电话：025-83791830

WE ARE NEW, WE ARE YOUNG ···

2016 SEU · CHINA
ROOKIES' AWARD
FOR ARCHI STUDENTS
东南·中国建筑新人赛+α
暨亚洲建筑新人赛中国区选拔赛